面向对象高可信SAR数据处理（下册）
——系统与应用

张继贤　陈尔学　李　震　李平湘　黄国满　等　著

科学出版社
北　京

内 容 简 介

本书以国家高技术研究发展计划（863 计划）“十二五”主题项目“面向对象的高可信 SAR 处理系统”为背景，针对合成孔径雷达数据在地貌地物、森林植被等方面的处理与解译难题，阐述利用多角度、多波段、多极化、极化干涉等多模式航空航天 SAR 数据，建立基于散射机理的地物特性知识库，构建地形辐射校正、极化干涉处理、立体测量、基于知识的地物解译等模型，开发高分辨率机载极化干涉 SAR 数据获取硬件系统与 SAR 影像高性能解译软件系统，实现以精度高、可靠性强、识别类型丰富为特征的 SAR 影像高可信处理与解译的原理、技术与方法，并对成果在测绘、林业等行业的应用示范效果进行了展示和分析。

本书包括上下两册，可供摄影测量、遥感、地形测绘、林业遥感、资源环境遥感监测等领域的科技工作者、高等院校师生和从事相关工作的技术人员参考。

图书在版编目 (CIP) 数据

面向对象高可信 SAR 数据处理. 下册，系统与应用 / 张继贤等著. —北京：科学出版社，2018.4

IISBN 978-7-03-057110-6

Ⅰ. ①面…　Ⅱ. ①张…　Ⅲ. ①合成孔径雷达－图象处理　Ⅳ. ①TN958

中国版本图书馆 CIP 数据核字（2018）第 072318 号

责任编辑：王　哲　霍明亮 / 责任校对：郭瑞芝

责任印制：师艳茹 / 封面设计：迷底书装

科学出版社 出版

北京东黄城根北街 16 号

邮政编码：100717

http://www.sciencep.com

中国科学院印刷厂 印刷

科学出版社发行　各地新华书店经销

*

2018 年 4 月第　一　版　开本：720×1 000　1/16

2018 年 4 月第一次印刷　印张：11 1/2　插页：6

字数：227 000

定价：86.00 元

（如有印装质量问题，我社负责调换）

序　一

合成孔径雷达（Synthetic Aperture Radar，SAR）和光学系统是遥感对地观测系统的左膀右臂，因此SAR是对地观测领域不可或缺的重要组成部分。张继贤多年来带领团队潜心于SAR数据获取、处理及解译技术研究，“十一五”期间研制了我国首套机载多波段多极化干涉SAR测图系统，填补了我国在该领域的空白，总体达到了国际先进水平，多项关键技术国际领先。但是，与光学遥感数据的处理技术和手段相比，SAR数据处理解译技术成熟度仍处于相对较低的水平，国内外SAR处理软件带有明显的专业针对性，还缺乏通用化的SAR数据处理软件，制约了SAR技术的普及与应用。2011年，科技部批准了863计划“十二五”主题项目“面向对象的高可信SAR处理系统”的立项，张继贤带领他的团队踏上新的征程，开展了卓有成效的研究。

经过五年的攻关研究，项目组突破了SAR影像精准处理、高精度三维信息提取与面向对象地物解译等SAR影像处理与解译核心技术，研发了能处理国际国内主流航空航天SAR数据、功能全面、性能高效、具有PB级影像数据管理和并行处理解译能力的SAR影像处理解译系统，并在高精度信息提取、SAR影像地物高可信解译、地形测绘及林业等领域具有独特的优势。该系统与我国SAR对地观测传感器一起构成了我国航空航天SAR数据获取、影像处理、解译与应用的完整技术体系，对于提高我国地理信息产业的技术水平，增强我国空间信息产业的国际竞争实力，提升国家科技自主创新能力，培育地理信息相关行业新的经济增长点，将起着非常重要的作用。

《面向对象高可信SAR数据处理（上册）——理论与方法》和《面向对象高可信SAR数据处理（下册）——系统与应用》是项目组近五年来在SAR数据高可信处理与解译方面的理论研究、技术攻关、软件开发和示范应用等系列成果的结晶。相信本书的出版，对于进一步提高我国SAR数据处理解译水平、推动SAR技术服务于国民经济建设和人民群众生活，能够起到积极作用。

中国科学院院士
中国工程院院士
李德仁

序　二

SAR在高精度地形测绘、地表形变监测、全天候资源环境监测等领域具有独特的优势。在传感器方面，我国已研发多套极化/干涉/极化干涉SAR，实现了SAR传感器载荷与飞行平台的集成，掌握了航空航天SAR遥感数据获取关键技术。但是在SAR数据处理方面发展严重滞后，仍存在多项技术不足，例如，没有形成具有竞争力的产品化高可信SAR处理系统，数据处理自动化、集成化程度还较低；高性能计算和专用处理设备等快速实时处理技术应用于SAR数据还处于起步阶段；SAR影像地物解译存在许多问题，尤其在复杂地形条件下，地物分类解译精度较低，亟须在定量分析的基础上建立针对多模态SAR的面向对象解译方法；SAR目标检测与识别技术有待进一步提高。

先进的SAR处理技术是目前国际上科技竞争的战略制高点，是国家核心竞争力的重要组成部分。生态文明建设、资源可持续利用、“一带一路”建设等国家重大战略对精确、快速和高可信的SAR处理技术也提出了迫切需求。在国外涌现出新一代高分辨率、高性能SAR获取与处理系统的背景下，大力发展我国SAR数据高可信处理核心技术，开展SAR遥感数据高可信处理关键技术攻关与平台研制，是提升我国应急响应水平、实现可持续发展的重要技术保障。因此，以突破高端SAR关键技术、提升国家核心竞争力为目标开展相关研究具有紧迫性和必要性。863对地观测与导航领域战略规划将SAR地物解译技术与系统研究列为“十二五”重点任务，并优先启动了“面向对象的高可信SAR处理系统”重点项目。

项目组深入开展SAR数据处理和地物解译的理论研究和关键技术攻关，通过近五年的努力，构建了具有自主知识产权的高性能SAR地物解译系统与平台，打破了SAR处理系统长期依赖国外进口的局面。《面向对象高可信SAR数据处理（上册）——理论与方法》和《面向对象高可信SAR数据处理（下册）——系统与应用》系统阐述了项目组近五年在SAR高可信处理与解译的理论研究、关键技术攻关和软件研制方面的科研成果，是作者多年来辛勤工作的结晶。希望本书的出版能够有力促进我国遥感与地理信息战略性新兴产业的发展和繁荣。

中国工程院院士

张祖勋

序 二

前　言

当前，高空间分辨率、高时间分辨率、多波段、多极化及多角度的多模态航空航天 SAR 数据获取已经成为国际遥感领域的主流发展方向，大量丰富的 SAR 数据的出现为对地观测领域提供了重要数据源。由于缺乏对 SAR 成像机理的深刻认识，缺乏定量化的处理手段，缺乏快速并行处理系统，简单借用光学影像处理的思路处理 SAR 影像等原因，SAR 影像处理与解译几何精度低、可判别的类别少、解译可信度低、处理效率低，SAR 影像数据的应用受到极大限制。在此背景下，2010 年起，中国测绘科学研究院联合中国林业科学研究院资源信息研究所、武汉大学、中国科学院对地观测与数字地球科学中心、中国科学院电子学研究所、中国电子科技集团公司第三十八研究所、中国科学院遥感与数字地球研究所、上海交通大学、北京大学等科研院所和高校，开展了国家高技术研究发展计划（863 计划）“十二五”主题项目“面向对象的高可信 SAR 处理系统”研究。

通过五年的协作攻关，针对 SAR 数据在地形地物、森林植被等方面的处理与解译难题，利用多角度、多波段、多极化、极化干涉等多模式航空航天 SAR 数据，建立了基于散射机理的地物特性知识库，突破了地形辐射校正、极化干涉处理、立体测量、基于知识的解译等核心技术；形成了多项创新性成果，如稀少控制点 SAR 影像严密定位通用模型、复杂地形条件下的全极化 SAR 地形辐射校正方法、基于多源知识的复杂电磁散射模型优化方法、模型和知识库支持下的高可信地物解译技术、大范围低相干地区的高精度地形反演技术、X 波段 InSAR 植被垂直结构信息提取技术、大容量 SAR 数据快速处理等关键技术；形成了双天线多模式全极化干涉 SAR 数据获取硬件系统、面向对象的高可信解译软件系统等重要成果；实现了以精度高、可靠性强、识别类型丰富为特征的 SAR 影像高可信处理与解译，构建了行业重大应用示范系统，在地形测绘、植被覆盖监测等领域得到示范应用。

本书以该项目的研究内容为基础，对相关成果进行了较系统的阐述。

高分辨率 SAR 影像精确处理技术：包括全极化 SAR 数据幅度相位地形补偿技术，SAR 影像自适应相位保持滤波与高精度配准方法，SAR 影像高精度定位技术。

高精度三维信息提取技术：包括多模式 SAR 干涉提取 DEM（Digital Elevation Model）技术，大范围地表低相干地区的 DInSAR 形变反演技术，SAR 立体及立体、干涉联合提取三维信息技术，森林垂直结构参数反演模型和方法。

地物散射模型与知识库：包括典型地物目标散射机理和模型库；典型地物类别后向散射特性测量规范，典型目标后向散射实测库；典型地物目标航空航天 SAR 影像特征库；基于模型的目标特性扩展技术，典型地物综合判别工具。

面向对象 SAR 影像地物高可信解译技术：包括基于知识的 SAR 影像地物高可信解译技术，SAR 影像高精度土地覆盖分类与森林类型识别方法，SAR 影像地物高可信变化检测技术。

SAR 影像高性能处理解译系统：包括 SAR 影像处理算法加速单元及系统运行平台开发技术，系统集成技术，SAR 影像高性能处理解译系统构建技术。

SAR 遥感综合试验与应用示范：包括航空极化干涉 SAR 数据获取集成系统构建；综合试验区航空航天 SAR 数据获取，对以上模型、方法和系统的精度、性能验证，高精度地形测绘、土地利用与植被覆盖信息提取应用示范。

本书包括《面向对象高可信 SAR 数据处理（上册）——理论与方法》和《面向对象高可信 SAR 数据处理（下册）——系统与应用》，全书由张继贤拟定大纲，组织撰写。各章主要执笔人为：第 1 章张继贤、黄国满、王志勇、范洪冬、王开志等；第 2 章张继贤、黄国满、张永红、赵争、杨书成、卢丽君、吴宏安；第 3 章张继贤、黄国满、杨书成、程春泉；第 4 章李震、陈权、陈尔学；第 5 章杨杰、吴涛、郭明、王超、陈尔学；第 6 章吴涛、王超、杨杰、李平湘；第 7 章李平湘、杨杰、陈尔学；第 8 章张继贤、黄国满、王亚超、赵争；第 9 章张继贤、黄国满、卢丽君、杨景辉、赵争、韩颜顺；第 10 章陈尔学、李平湘、李震、焦健；第 11 章张继贤、黄国满、程春泉、杨书成、赵争、王萍；第 12 章陈尔学、李震、李平湘。全书由张继贤、黄国满、程春泉统稿，由张继贤审定。

本书由国家高技术研究发展计划（863 计划）“十二五”主题项目“面向对象的高可信 SAR 处理系统”（2011AA120400）资助。项目开展期间得到了国内相关单位和同行的无私帮助，作者在此表示衷心感谢。由于水平有限，书中难免有不足之处，恳请读者提出宝贵意见。

作　者

2017 年 7 月

目　录

第 8 章　高分辨率机载极化干涉 SAR 数据获取系统

高分辨率机载极化干涉 SAR 数据获取系统，本书特指依托 863 计划“十二五”主题项目“面向对象的高可信 SAR 处理系统”对原由中国测绘科学研究院牵头研制的机载多波段多极化干涉 SAR 数据获取系统的升级系统。系统经过升级，能够获取全极化干涉 X 波段数据与全极化 P 波段数据，分辨率最高为 0.3m。系统主要包括 X-SAR 传感器、P-SAR 传感器和飞控导航子系统，通过系统硬件接口集成和系统操控软件集成构建。其中，系统硬件接口集成是将系统所有组成部件的硬件设备接口连接起来，能够相互通信和传输信号。系统操控软件集成则是将各子系统的操控功能模块集成，形成单一软件，从而方便对系统进行集中控制。

8.1　X-SAR 传感器子系统

1. X-SAR 传感器子系统

X-SAR 传感器子系统是利用电磁波的干涉原理，采用双天线结构进行载波相位测量，从而获得 DEM 地面高程数据的一种高精度主动探测装置，原理如图 8.1 所示。其主要功能是基于 X 波段双天线干涉原理来获取 HH、HV、VH、VV 四种极化模式下的 SAR 原始数据及辅助数据。

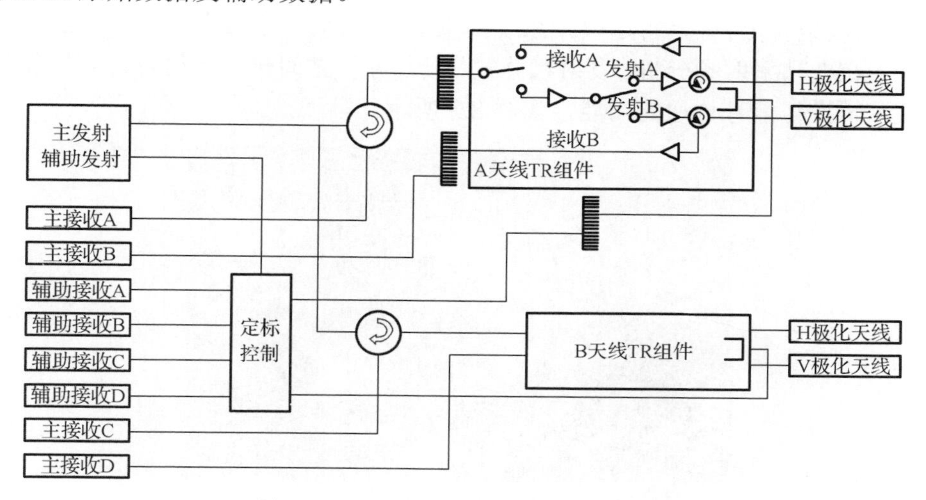

图 8.1　X-SAR 传感器部件的工作原理

2. X-SAR 结构

X-SAR 传感器子系统的结构，主要包括以下分机组件：X-SAR 监控分机、低功率射频分机、微波组合分机、发射机分机、内定标分机、天线分机、数据采集分机、数据记录分机、电源分机。其中，X-SAR 监控分机、数据采集分机和数据记录分机作为通信接口，负责与外部设备进行信息交互。

(1) X-SAR 监控分机，是整个雷达系统的操控中心，为整个系统提供时序控制，并可与计算机进行串口通信。

(2) 低功率射频分机，是整个雷达系统的核心工作单元，负责产生雷达基准频率和线性调频信号，如图 8.2 所示。其由激励源、频率合成、接收通道 1、接收通道 2、电源共 5 个模块组成，根据不同雷达工作模式，其不同模块为整个系统提供中心频率 9.6GHz 的信号源、基准时钟和采样时钟，主要完成雷达回波接收信号的放大、变频、滤波、幅度调整和正交解调，同时兼具收发转换。

图 8.2　低功率射频分机

(3) 微波组合分机，是雷达收发系统的重要组成部分，主要使用 Ping-Pang（乒乓）切换开关在低功率射频分机、发射机分机、天线分机之间传递雷达发射和接收信号，完成收发转换与信号传递的功能，如图 8.3 所示。

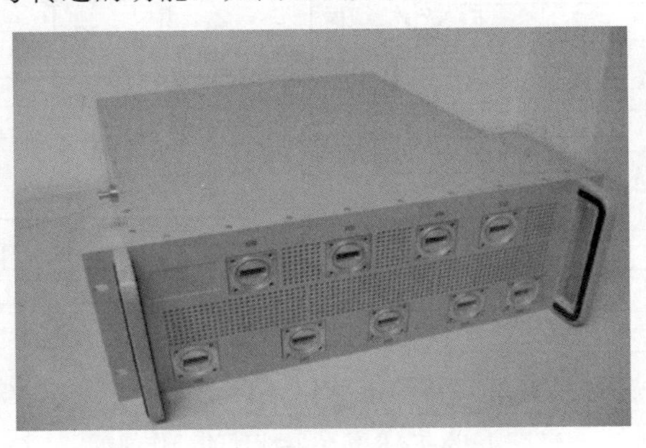

图 8.3　微波组合分机

(4) 发射机分机，是雷达的微波功率放大器，负责将频综器送来的发射激励信号进行脉冲调制、功率放大，然后经收发开关、微波馈线波导送到天线上对外辐射电磁波信号。

(5) 内定标分机，是 X 波段高分辨率极化干涉合成孔径雷达的重要组成部分，如图 8.4 所示。其在 SAR 系统中的功能是在雷达的数据流中注入内定标器发出的定标脉冲，通过数据分析来刻画 SAR 系统响应以及系统性能变化。

图 8.4　内定标分机

(6) 天线分机，包含两根天线用于干涉处理，将发射机的输出微波功率进行传输和辐射，然后接收来自辐射目标的回波信号，通过馈线波导传送给接收机，如图 8.5 所示。

图 8.5　天线分机

(7) 数据采集分机，由定标、采集 1、采集 2、电源共 4 个模块组成，主要负责采集双通道原始数据和实现系统的内定标功能。

(8) 数据记录分机，主要负责将采集的双通道原始数据打包，除了记录两路 I/Q 雷达原始数据，还同步记录用于后处理的辅助数据，如图 8.6 所示。

图 8.6 数据记录分机

(9) 电源分机，是整个雷达系统的供电装置，包括配电盒和电源逆变器，负责提供机载电子设备所需的 28V 直流电和 115V 交流电，并可通过电源控制模块监测各个分机供电是否异常。

8.2 P-SAR 传感器子系统

1. P-SAR 功能

P-SAR 传感器子系统的主要功能，是利用 P 波段电磁波辐射原理来获取全极化(即 HH、VV、HV 和 VH 四种极化)模式下的 SAR 原始数据及辅助数据。P-SAR 传感器子系统的工作原理如图 8.7 所示。

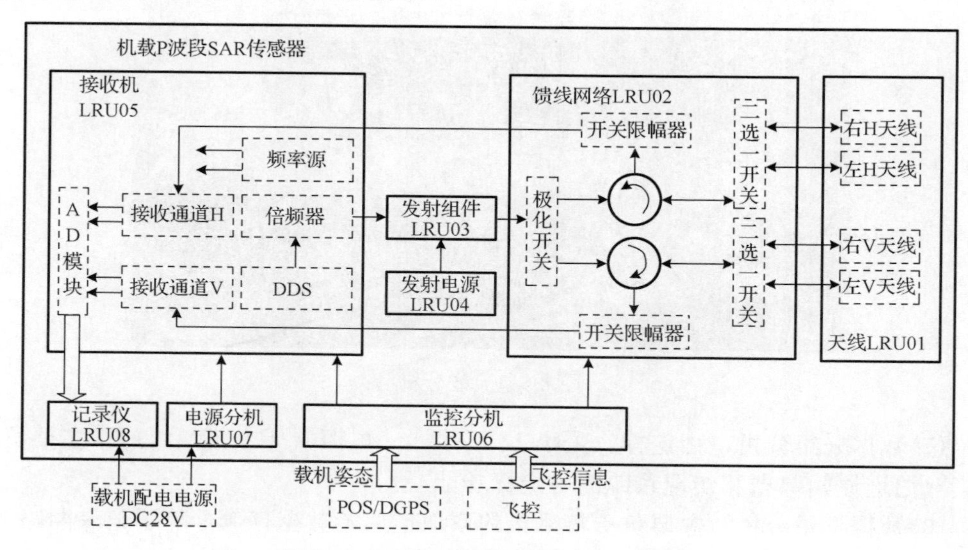

图 8.7 P-SAR 传感器部件的工作原理

当 P-SAR 传感器子系统工作时，在信号发送流程上，频率源首先产生基准频率，然后由波形产生模块生成发射激励信号后送入发射机进行功率放大，最后经环流器送入天线发射。在信号接收流程上，回波信号经天线接收后通过环行器送入接收机依次进行低噪声放大、IQ(In-Phase Quadrature)解调和 AD(Analog to Digital)量化，最后将量化后的数据存入高速大容量记录仪。P-SAR 系统通过极化开关交替发射 H、V 极化，双通道同时接收 H、V 极化，在两个脉冲周期内形成 HH、HV、VH、VV 四种极化，并通过 PIN 开关实现左右侧视工作。

2. P-SAR 结构

P-SAR 传感器子系统的结构，主要包括以下分机组件：天线分机、发射机分机、接收机分机、馈线分机、P-SAR 监控分机、数据记录分机和电源分机。其中，P-SAR 监控分机和数据记录分机是主要负责与外界进行信息交互的通信接口。

(1) 天线分机，采用背腔式平面的微带振子天线，由天线框架、微带振子、左右两个天线阵面、天线罩及两个 1 分 8 功分器等组件组成，如图 8.8 所示。天线分机采用双天线的侧视分时工作机制，每个天线采用单发双收的工作模式，因此每个天线阵面可采用 V 垂直极化发射或 H 水平极化发射。双通道接收机同时接收两种极化的回波信号。

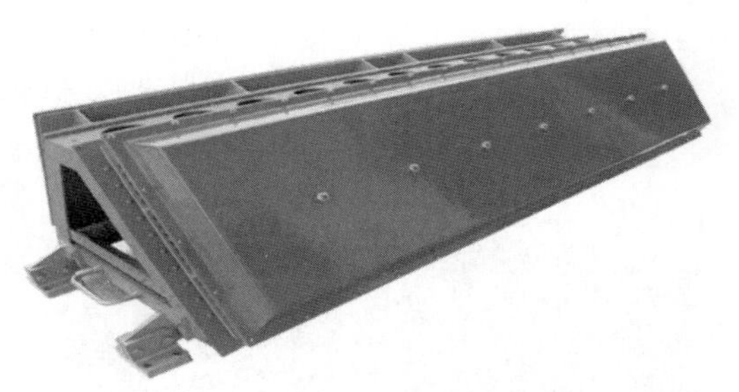

图 8.8　天线分机

(2) 发射机分机，由发射组件、发射电源组成，将输入的 10～13dBmW 激励小信号经高增益放大器、1∶4∶1 分配合成器进行处理后，输出 1kW 功率，如图 8.9 所示。

图 8.9　发射机分机

(3) 接收机分机，负责接收来自两种极化天线的回波数据，并经 IQ 解调、AD 量化后存入数据记录分机，如图 8.10 所示。

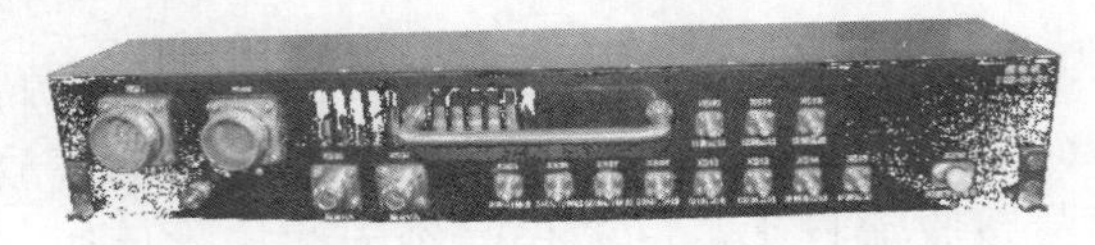

图 8.10　接收机分机

(4)馈线分机，由 1 个定向耦合器、4 个三端环行器、1 个单刀四掷、两个单刀双掷及 PIN 保护开关组成，提供天线馈电、选择工作阵面及传输回波信号，如图 8.11 所示。

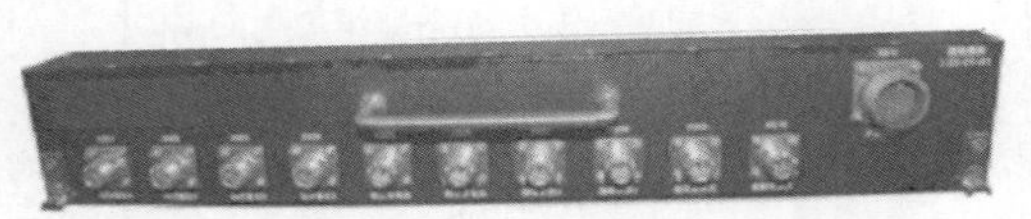

图 8.11　馈线分机

(5)P-SAR 监控分机，由两块阵面测控插件、印制背板组成，完成对其他分机的状态采集、时序控制及数据通信功能，如图 8.12 所示。

(6)数据记录分机，由 1 个机载 ATR 机箱、1 个可插拔的存储机体组成，如图 8.12 所示。在数据存储时，将冗余校验数据保存到专用的冗余模板上，并将目录信息存入专用的、秒刷新率的双冗余 E^2PROM(Electrically Erasable Programmable Read Only Memory)中，保证数据的可恢复性和断电保护。

(7)电源分机，与 X 波段 SAR 子系统类似，为其他分机提供 28V 直流电，如图 8.12 所示。

图 8.12　电源分机、P-SAR 监控分机和数据记录分机

8.3　飞控导航子系统

1. 飞控导航子系统的主要功能

飞控导航子系统的主要功能，是在飞行过程中利用飞控计算机(Flight Control Computer，FCC)采集 POS 和 DGPS(Differential Global Positioning System)实时测量的载机姿态与位置信息，为飞行员提供航线导航功能。同时 FCC 还对两部雷达子系

统实施操作控制，利用 POS 系统实现与两部雷达子系统的数据同步。飞控导航子系统的工作原理如图 8.13 所示。

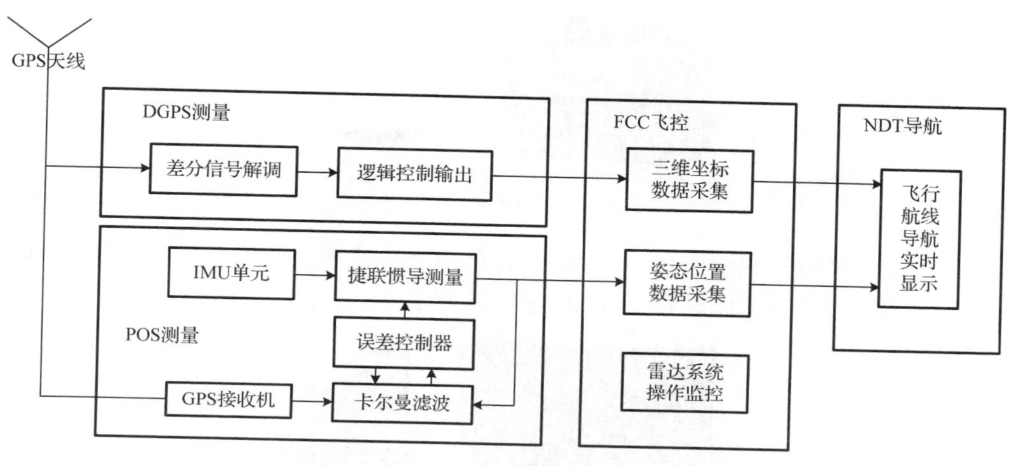

图 8.13　飞控导航子系统的工作原理

如图 8.13 所示，GPS 天线从 GPS 卫星上接收 GPS 信号，并将接收的信号分两路分别传输至 POS 系统和 DGPS 接收机。POS 系统的内部 GPS 接收机处理 GPS 信号，经卡尔曼滤波、误差控制器和捷联惯导测量后得到定位数据，同时 IMU 经捷联惯导测量后得到载机姿态数据，然后姿态与位置数据一并传输到姿态位置数据采集模块。DGPS 接收机对接收到的差分 GPS 信号进行解调得到精确定位数据，然后将其经逻辑控制后输出到三维坐标数据采集模块。最后 FCC 将位置数据和飞行姿态数据综合处理后生成航线数据，并输出至导航终端上显示，为飞行员提供航线导航。

2. 飞控导航子系统结构

飞控导航子系统主要包括以下组成部件：POS 系统、DGPS 接收机、NDT 导航终端显示器和 FCC。

(1) POS 系统，即定位定向测量系统，主要用于测量经纬度、载机三维姿态角、(加)速度、角(加)速度等数据，并使用标准 GPS 授时与雷达子系统实现数据同步，如图 8.14 所示。POS 系统包含 PCS 计算机和 IMU 设备，PCS 内置一个 GPS 接收机。

图 8.14　POS 系统

(2) DGPS 接收机，即差分 GPS 测量系统，主要用于测量精确的三维坐标数据，要求能实时输出高精度的三维坐标数据，如图 8.15 所示。

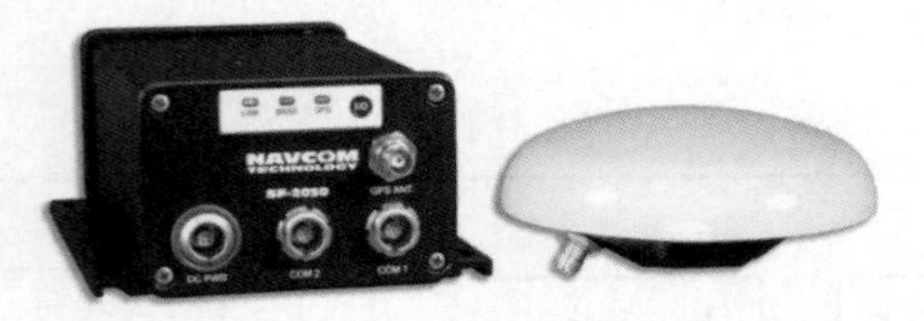

图 8.15　DGPS 接收机

(3) NDT 导航终端显示器，提供给飞行员用于导航观测的工业级显示器，与 FCC 一起实现双屏异步显示导航界面和系统操控软件主界面，如图 8.16 所示。

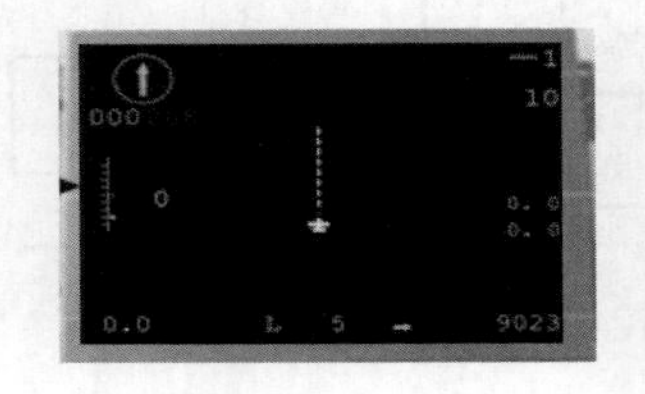 

图 8.16　NDT 导航终端显示器

(4) FCC 飞控计算机，是整个系统的操控中心。FCC 需要与两部雷达、POS 系统连成一个高速局域网，实现系统部件之间的数据通信。此外，还要运行 FlyTaskMngt 软件对雷达系统进行操作，运行 POS 控制器软件单独对 POS 系统实施监控。

以上对机载全极化干涉 SAR 数据获取系统的组成进行了介绍，该系统主要技术指标如表 8.1 所示。

表 8.1　机载全极化干涉 SAR 数据获取系统的主要技术指标

机载全极化干涉 SAR 数据获取系统		
工作波段	X 波段	P 波段
是否有干涉模式	有（双天线）	无
干涉基线长度/m	2.2	—
工作模式	单发双收、乒乓、全极化 全极化干涉-单发双收、全极化干涉-乒乓	全极化、HH\HV、VH\VV
极化方式	HH、HV、VH、VV	HH、HV、VH、VV
分辨率/m	0.3～2.5	1～5
入射角/(°)	30～60	30～60
带宽/MHz	800	200
飞行高度/m	3000～12000	
巡航速度/(km/h)	450	
续航时间/h	3.5	

第 9 章　SAR 影像高性能处理解译系统

SAR 影像高性能处理解译系统(SARPlore)借鉴国内外商用软件先进的设计理念，结合 SAR 数据处理解译的特点及应用需求，是集 SAR 极化、干涉/差分干涉/极化干涉测量、空中三角测量、立体测图、面向对象分类解译于一体，能处理国际国内主流航空航天 SAR 数据、功能全面、具有 PB 级影像数据管理和并行处理解译能力，适用于单机和集群硬件平台，采用自动化处理与人工辅助相结合的方式，具备多种比例尺地形图、植被监测图等产品生产能力的 SAR 处理与解译软件系统。本章介绍 SAR 影像高性能处理解译软件系统的设计、构架、集群处理、加速处理等内容。

9.1　基于高速网络的集群 SAR 处理

面向 SAR 影像快速处理的需求，通过系统设计、平台构建、算法集成，形成面向 SAR 影像的高性能处理系统，实现 SAR 通用处理和高级处理等功能，为 SAR 影像快速处理提供一个实用的集群处理平台。

9.1.1　系统设计

1. 体系结构

系统体系结构的设计以开放性、可扩展、可伸缩为主要设计原则，以构造健壮、高效、易用的底层平台为主要设计目标。根据研究特点将各研究成果软件集成，以形成 SAR 影像高性能处理系统，故采用分层的体系结构进行系统设计。分层结构的特点是可以隔离系统各通用程度不同的部分，隐藏各层的实现细节，低层不必关心高层次的细节与接口，因此降低了系统的复杂度。

系统的体系结构分为五层。

(1) 物理层为系统运行提供基本的硬件支持，主要包括集群服务器并行计算环境、客户端工作站及防火墙。

(2) 通信层为系统运行提供基础的通信服务，主要包括消息传输服务与消息件、数据传输服务以及数据访问服务等。

(3) 算法层为系统所涉及的所有 SAR 影像提供处理算法，是保证作业自动化快速生产的基础，主要包括 SAR 影像单机处理算法、SAR 影像并行处理算法和集群调度软件等。

(4) 应用层为系统作业相关的逻辑应用层，主要包括用户身份验证、生产作业调度、系统状态监控、系统运行管理、手动作业、自动作业、批量作业等。

(5) 表现层为服务器和客户端提供用户交互的用户界面以及对外接口。用户界面包括系统管理界面和作业生产界面；对外接口是指系统提供的作业管理服务和处理服务对外开放的接口。

SAR 影像高性能处理解译软件系统体系结构如图 9.1 所示。

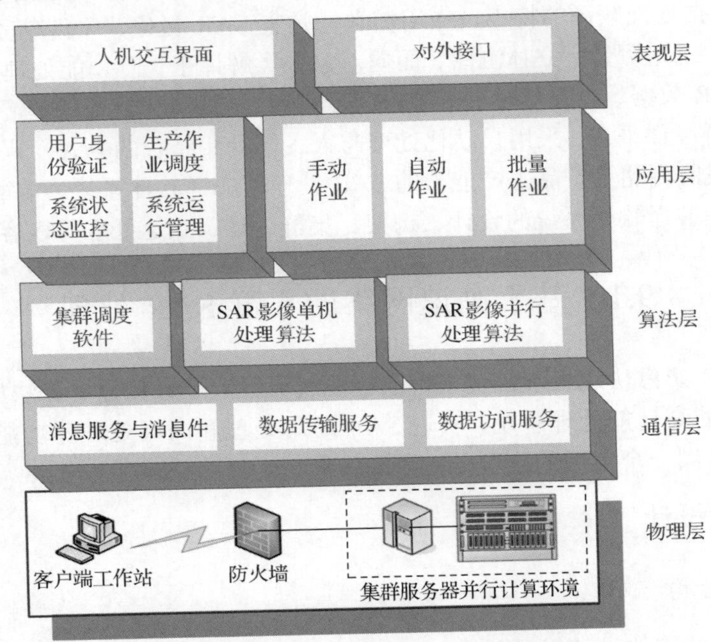

图 9.1 SAR 影像高性能处理解译软件系统体系结构

2. 框架设计

SAR 影像高性能处理解译系统的整体框架结构如图 9.2 所示，分为客户端、集群调度系统和服务器三部分。

(1) 客户端。客户端运行在 Windows 环境下，提供友好的用户交互界面。主要负责作业参数配置，生成参数配置 XML 文件。

(2) 集群调度系统。集群调度系统采用 Condor 集群作业调度软件，主要负责用户管理、作业管理和节点管理。用户管理负责用户创建、用户登录以及用户权限的设置。作业管理包括作业的封装、分发和调度。节点管理包括节点的开关、状态查询和属性设置。集群调度系统将参数配置 XML 文件封装成作业，放入队列中，待匹配到合适的节点后，将作业分发到合适的集群节点上运行。

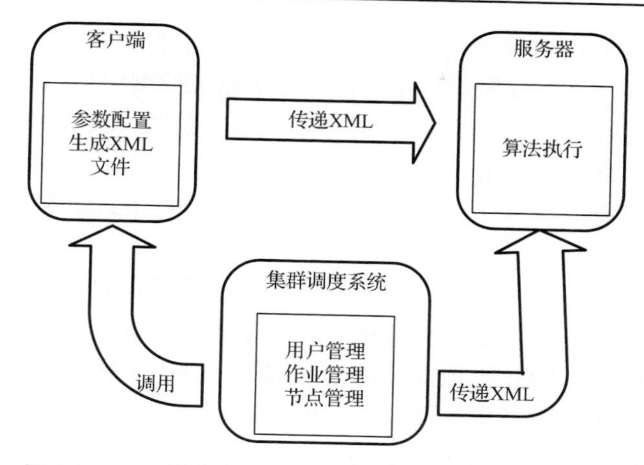

图 9.2 SAR 影像高性能处理解译系统的整体框架结构

(3)服务器。服务器端运行在高性能集群环境下，负责 SAR 影像算法的具体执行。服务器端读取参数配置 XML 文件后，按照客户的要求执行作业，生成最终结果。

9.1.2 平台构建

1. 运行环境

SAR 影像高性能处理解译系统运行环境如图 9.3 所示。

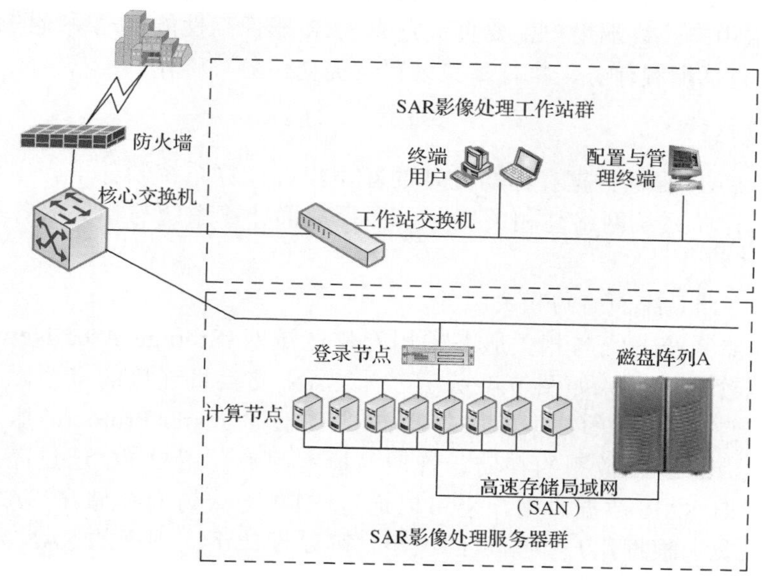

图 9.3 SAR 影像高性能处理解译系统运行环境

SAR 影像高性能处理解译系统运行在跨平台网络环境中，为了高效自动地完成大量计算任务，核心处理过程运行在集群计算机组成的网络环境中，界面交互相关功能运行在客户终端图像工作站组成的局域网上。配置管理终端和终端用户运行在千兆局域网上；集群计算网络采用光纤通信技术直连登录节点、计算节点和存储节点以达到高速计算通信环境(Lee et al., 2011; Dongarra et al., 2005)。

1) SAR 影像处理服务器群

(1) 登录节点。登录节点是外部系统访问集群系统的网关。用户通常登录到这个节点上运行作业。登录节点是外部访问集群系统强大计算或存储能力的唯一入口，是整个系统的关键点。SAR 影像高性能处理解译系统中，登录节点负责完成系统登录、系统控制、作业调度、作业资源分配和作业监控等功能。

(2) 计算节点。计算节点主要完成 SAR 影像处理核心功能计算，其计算任务和状态由登录节点分配管理。

(3) 存储节点。存储节点主要负责数据的存储、中转，主要存储从数据管理系统提取的数据和向数据管理系统进行数据归档的中间数据。为保证计算数据不受影响，计算节点采用高速存储局域网技术，并由光纤通信技术直连计算节点。

2) SAR 影像处理工作站群

(1) 配置与管理终端。配置与管理终端主要负责完成系统参数配置工作，包括各个子系统功能模块的参数配置和系统总体参数配置，并包括资源设备监控的显示、任务进度的显示等功能。该终端主要提供给系统管理员使用。

(2) 终端用户。终端用户主要负责完成 SAR 影像高性能处理系统的任务执行的手动部分，包括配置任务、执行参数设置、提交任务等工作。

2. 硬件设计

适用于 SAR 影像数据存储与处理的新型集群计算系统硬件平台主要包括三个部分：高速存储系统网络与相关服务、并行集群计算系统与相关服务和用户操作环境。

1) 高速存储系统网络与相关服务

高速存储系统网络与相关服务采用存储区域网(Storage Area Network, SAN)和海量数据管理技术。如图 9.4 所示，与 SAN 交换机连接的多个磁盘冗余阵列为与 SAN 交换机相连的数据库服务器、FTP(File Transfer Protocol)服务器和文件服务器提供海量遥感数据的存储、管理与检索服务。用户 PC 通过高速以太网可以存取、查询 SAR 数据。用户也可以通过 FTP 方式访问存储在 SAN 中的海量 SAR 影像数据。根据用户数据量的大小，可以设计不同规模的 SAN，实现 PB 级的海量数据存储。

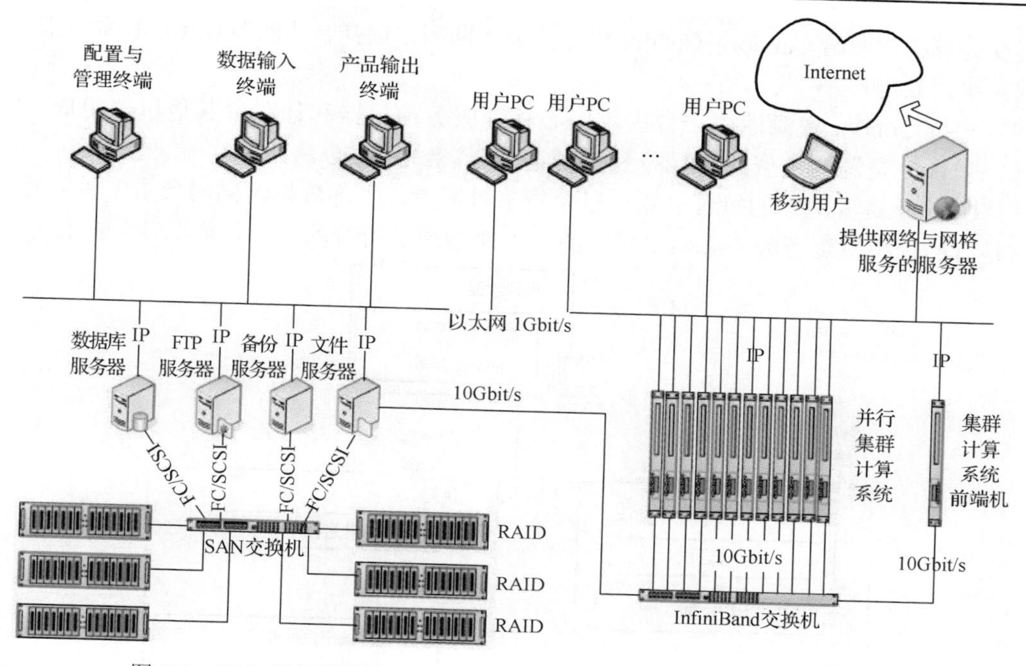

图 9.4　SAR 影像数据存储与处理新型集群计算系统硬件平台拓扑结构

2)并行集群计算系统与相关服务

并行集群计算系统通过 InfiniBand 总线连接多个 64 位计算节点，实现并行集群计算。InfiniBand 总线技术具有延时少、带宽高的特点(达到 10Gbit/s)，易于实现消息传递并行运算。同时，并行集群计算系统与 SAN 的文件服务器相连，能快速、大容量地存取所要处理的 SAR 影像数据。用户在使用该并行集群计算系统时，只需要登录到并行集群计算系统的前端机，进行任务的提交或者向前端机发送服务请求，而不需要知道集群计算系统如何调度任务，到底使用哪个计算节点(并行集群计算系统计算节点对于一般用户是不可见的)。

3)用户操作环境

用户操作环境的设计与开发包括设计千兆以太网络和图形界面系统，用户通过以太网络可以访问存储在 SAN 的 SAR 数据，向并行集群计算系统提交数据处理任务，向并行集群计算系统发送服务请求。通过对用户操作环境的设计与开发方便用户存储和处理 SAR 影像数据。同时通过千兆以太网络还可以管理和配置整个系统软硬件部分，进行待处理 SAR 影像数据的输入和产品输出。

3. 软件支撑

Condor 是一个管理计算密集型作业的专业系统。和大多数集群调度系统一样，Condor 提供了队列机制、调度策略、优先级策略和资源分类(余丽琼等，2004)。用户提交计算机作业给 Condor，Condor 将作业放入队列，选择合适的节点运行作业，然后将结果通知用户。

一个 Condor 资源池由一台提供中心管理服务的机器和任意台其他机器组成。概念上来说，资源池是资源(机器)和资源请求(作业)的集合。

Condor 资源池中的每台机器可以负责多种职责。大部分机器同时负责多种职责，但是有的职责在资源池中必须是唯一的。下面列举了所有的职责，如图 9.5 所示。

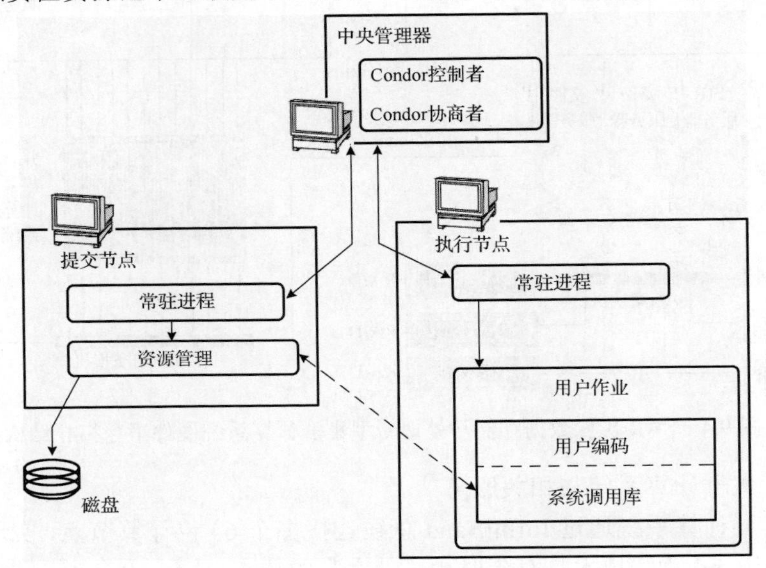

图 9.5　Condor 资源职责

1) 中央管理器

资源池中只有一个中央管理器。这台机器是信息的收集者，是资源和资源请求的协商者。这两个职责是由两个进程管理的，这样它可能由不同的机器来提供这两个服务，但是一般情况下由同一机器提供。中央管理器起着很重要的作用，必须是可靠的，并且要一直处于运行状态，或者至少可以出错后快速重启。在理想情况下中央管理器和资源池中的其他机器有着良好的网络连接，因为它们都将通过网络发送信息更新给中心管理器。所有的查询也会发给中心管理器。

2) 执行节点

资源池中的每台机器(包括中央管理器)可以被设置是否能够运行作业。作为一个执行节点不需要太多的资源，唯一重要的资源是磁盘空间，因为远程作业的核心文件首先会转储到执行节点的本地磁盘，然后发回到作业的提交节点。如果磁盘空间不足，Condor 会限制转储远程作业的核心文件大小。一般而言，机器拥有的资源(交换分区、内存、CPU 速度)越多，能处理的资源请求越多。但是如果请求不需要任何资源，那么资源池中任意机器都可以处理它。

3）提交节点

资源池中的每台机器（包括中央管理器）可以被设置是否能够提交作业。提交节点的需求远大于执行节点的需求。首先提交的每个作业运行在远程机器上后，会在本机产生另一个进程，如果有许多作业运行，将需要大量的交换分区和内存。此外所有的作业检查点文件将保存在本地磁盘，因此需要大量的磁盘空间保存这些文件。磁盘空间限制可以通过检查点服务器来缓解，但是提交作业的文件还是存储在本地。

4. 平台构建

适用于 SAR 影像数据存储与处理的新型集群计算平台主要包括 3 个部分：用户登录网络、计算网络和存储系统网络，如图 9.6 所示。

用户登录网络由千兆以太网络组成。连入登录网络的任何计算机都可以使用该集群计算系统的计算、软件与存储资源。1 台服务器提供登录、整个系统管理和任务调度等功能。

计算网络采用具有延时少、带宽高（达到 10Gbit/s）和易于实现消息传递并行计算的 InfiniBand 网络，由多台计算节点组成，该部分主要提供高吞吐量计算服务。

存储系统网络采用光纤通道连接的存储系统网络由 4 台服务器和 20TB 存储大小的磁盘阵列组成，其中 1 台用于 MDS（Meta Data Server），其他 3 台用于并行 I/O 节点，该部分主要提供大容量存储与高速 I/O 服务。

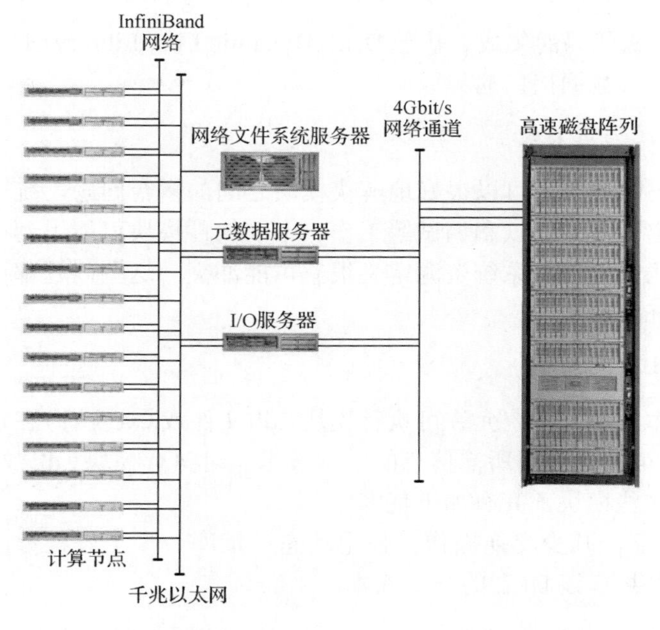

图 9.6　高性能遥感数据存储与处理的新型集群计算平台

SAR 影像数据存储与处理新型集群计算平台如图 9.7 所示。

图 9.7　SAR 影像数据存储与处理新型集群计算平台

9.1.3　算法集成

基于构建的软件基础平台，采用多种集成模式合理组合的系统集成技术，将“SAR 通用处理”“SAR 高级处理”“SAR 专业处理”等功能，进行从软件框架层次到数据处理流程的整合和完善，形成 SAR 影像高性能处理解译系统。采取以下四种集成策略：基于源代码的集成、基于 DLL (Dynamic Link Library) 的集成、基于组件的集成、基于统一数据接口的集成。

1. 基于源代码的集成

基于源代码的集成，可以很好地解决模块之间的耦合问题，统一代码风格，便于资源统一规定、集成测试和调试等工作。不同软件模块可能用到不同版本相同底层库造成资源冗余浪费，系统资源定义很有可能冲突，这些问题都可以通过源代码的集成得到很好的解决。

2. 基于 DLL 集成

动态链接库技术是系统允许可执行模块(.dll文件或.exe文件)在运行过程中定位到 DLL 函数的可执行代码所需信息的一项技术。可执行模块(.dll 文件或.exe 文件)在运行时加载这些模块，其有如下优点。

(1) 节省内存，减少交换操作。使用动态链接库，多个进程可以同时使用一个 DLL，在内存中共享该 DLL 的一个副本。

(2) 节省磁盘空间。使用动态链接，在磁盘上仅需要 DLL 的一个副本。

(3) 更易于升级。使用动态链接，DLL 中的函数发生变化时，只要函数的参数和返回值没有更改，就不需重新编译或重新链接调用它们的应用程序。

(4)支持多种编程语言。只要程序遵循函数的调用约定，用不同编程语言编写的程序就可以调用相同的DLL函数。

(5)提供扩展微软基础类库(MFC)库类的机制。可以将现有MFC派生类放到MFC扩展DLL中供MFC应用程序使用。

(6)支持多语言程序，使国际版本的创建轻松完成。可将用于应用程序的每个语言版本的字符串放到单独的DLL资源文件中，使不同的语言版本加载合适的资源。

3. 基于组件的集成

组件式软件技术已经成为当今软件技术的潮流之一。组件技术的基本思想是：将大而复杂的应用软件分成一系列的可先行实现、易于开发、理解、复用和调整的软件单元，称为组件(components)。创建和利用可复用的软件组件来解决应用软件的开发问题，具有模型化、可复用性、高可靠性等特点。与面向对象的编程语言不同，组件技术是一种更高层次的对象技术，它独立于语言和面向应用程序，是一种能够提供某种服务的自包含的软件模块，封装了一定的数据(属性)和方法，隐藏了具体的实现细节，并提供特定的接口，开发人员利用这一特定的接口来使用组件，并使其与其他组件交互通信，以此来构造应用程序。开发人员还可以对组件单独进行升级，使得应用程序可以随时向前发展进化。组件的概念是独立于编程语言的，也就是说用一种语言编写的组件能在用另一种语言编写的应用程序中很好地工作。因此，只要遵循组件技术的规范，各个软件开发者就可以用自己熟练的语言，去实现可被复用的组件，开发人员就可实现在硬件领域早已实现的梦想，挑选组件组装新的应用软件。

采用组件技术的软件系统不再是一种固化的整体性系统，而是通过各种组件互相提出请求及提供服务的协同工作机制来达到系统目标。组件的良好接插特性使其变得极为灵活。组件技术具有以下优点。

(1)提高系统开发速度，可以利用现有软件组件，大大缩短开发周期。

(2)降低开发成本。

(3)增加应用软件的灵活性，使之具有较强的可伸缩性和可扩展性。

(4)降低系统的维护费用。

4. 基于统一数据接口的集成

基于统一数据接口的集成是采用传统的集中管理的固化接口方式开发应用系统的集成方法。这种方式的集成是将独立的子应用系统组装成整体系统的过程。在事先经过需求分析及设计后开发的软件，其各种功能或各种特性用固定的方式联系在一起。一个应用软件作为一个整体，在发布之前就集成了广泛的使用特性。这种集成方式许多特性不能独立地被去除、升级或者替代，而且若要集成新的特性，是一项耗时的工作。

然而，这种集成方式接口较少且简单，各应用系统之间互相独立，彼此透明，开发人员无须过多了解使用特征，只需要遵循统一数据接口，即可将多个使用特征封装成整体应用系统，是以上几种集成方式中最为方便的一种。

9.2　基于 GPU 加速单元的快速处理

9.2.1　GPU 与 CUDA 计算环境

由于现代图形处理器(Graphics Processing Unit，GPU)强大的并行处理能力和可编程流水线，指令流处理器可以处理非图形数据。特别在面对单指令流多数据流(Single Instruction Multiple Data，SIMD)，且数据处理的运算量远大于数据调度和传输的需要时，通用图形处理器在性能上大大超越了传统的中央处理器。

SAR 影像因其数据量大，且很多算法的处理步骤对每个像素处理基本一致，属于单指令流多数据流计算模式，所以使用 GPU 对 SAR 影像处理算法进行加速是一种较好的选择。

本书采用通用性较强的 NVIDIA 公司的统一计算架构(Compute Unified Device Architecture，CUDA)。使用 CUDA 进行数据处理的流程如图 9.8 所示。

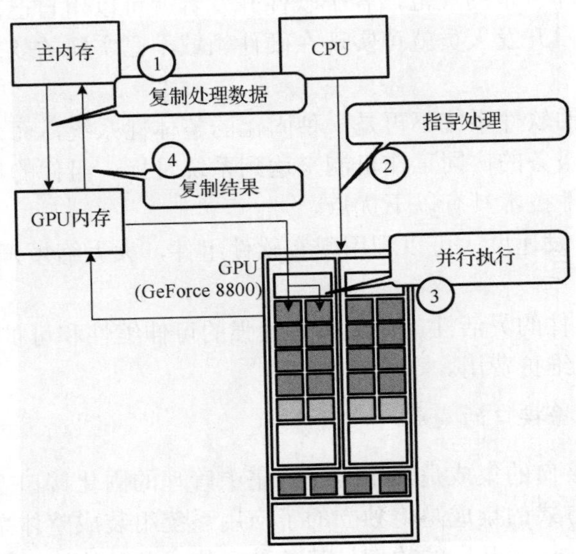

图 9.8　使用 CUDA 进行数据处理的流程

在主计算机支持下，CUDA 数据处理基本流程分成四个步骤：

(1)将数据从主机内存复制至 GPU 存储；

(2)主机中央处理器发指令让 GPU 进行处理；

(3)GPU 使用其多个核心同时进行处理；

(4)将处理后的结果数据复制至主机内存。

GPU 因具有多个处理核心，在 CUDA 环境中可同时启动非常多的进程。如图 9.9 所示，CUDA 中的线程按照 Grid 和 Block 两级模式进行管理，根据需要可同时启动成千上万个进程进行处理。在 SAR 影像处理过程中，可充分利用该并行性，使每个像素对应一个线程，极大地提高计算效率。

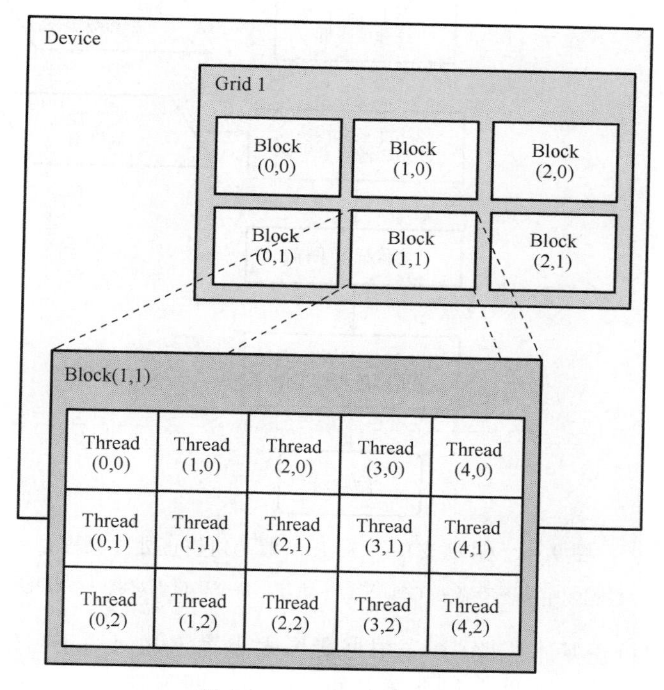

图 9.9　CUDA 中的线程

9.2.2　GPU 支持的 SAR 影像加速处理方法

以下以 SAR 影像几何校正为例，阐述使用 GPU 的 SAR 影像处理加速方法。基于 RPC(Rational Polynomial Coefficient)参数的几何定位技术(Grodecki and Dial, 2003; Fraser et al., 2006)因其适用性广且精度较高得到了广泛的应用，近年来使用 RPC 进行 SAR 影像几何校正也是一种新的趋势(Zhang et al., 2010; 2011; 2012)。本节根据 RADARSAT-2 影像数据提供的 RPC 参数进行几何校正，并将 SLC 数据转换成幅度相位影像。整个处理流程如图 9.10 所示。

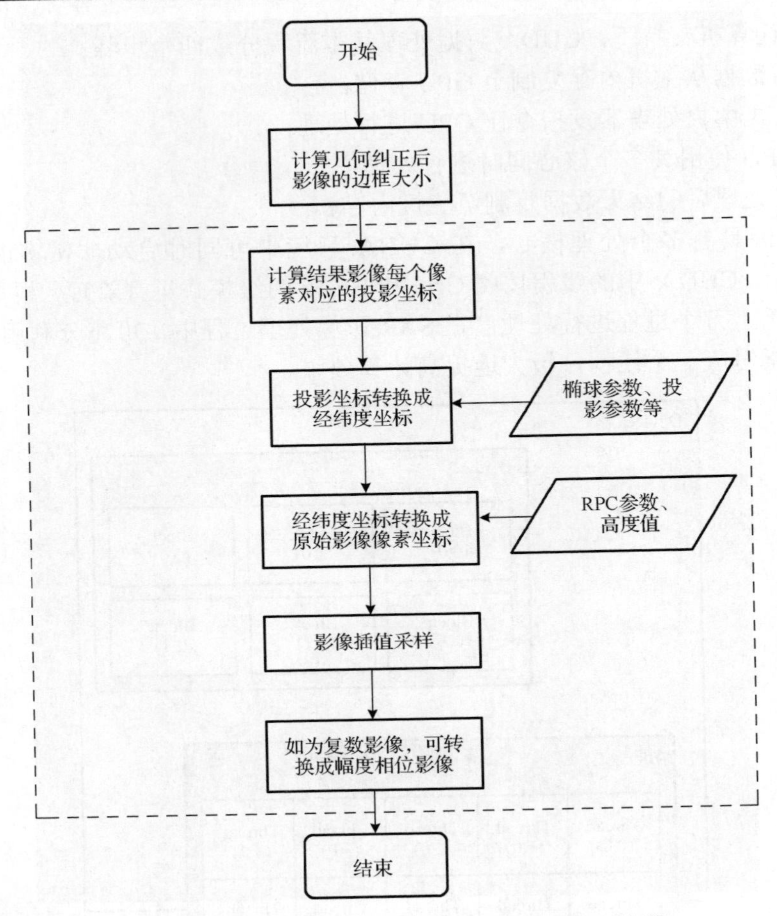

图 9.10　GPU 支持的 SAR 影像几何校正处理流程

注：虚线框内的所有步骤在 GPU 平台下执行，每个影像素对应一个 GPU 线程

采用的几何校正基本思路为：先根据影像大小确定几何纠正后影像的边框大小，然后通过定位插值确定边框内每个像素的灰度值，即得到几何校正后影像。

首先使用 RPC 模型的直接解公式计算结果影像的边框大小(即给定像点坐标与高程值确定像点对应的经纬度坐标)。根据边框大小创建相应的影像文件。该步骤计算量非常小，且不具有并行性，由 CPU 串行处理效率更高。然后数据由主机内存至 GPU 存储交换，同时启动多个 CUDA 线程对 SAR 影像进行处理，每个像素对应一个线程。本方法只用到单个 CPU 处理核心和一个 GPU，没有再用到其他计算资源。

每个 CUDA 线程依次完成以下计算步骤：①计算结果影像每个像素对应的投影后地面坐标。投影坐标是根据结果影像左上角点地面坐标、像素相对左上角的偏移量和地面采样分辨率进行计算的。②利用投影参数和椭球参数等将投影坐标转换成经纬度坐标，本方法采用我国最新的 CGCS2000 坐标系和高斯-克吕格投影。③根据 RPC 模型将经纬度坐标转换成原始影像像素坐标，转换过程中需要用到 RPC 参数和高度值，所用高度值取影像对应地区的平均高度值，也可以根据外部提供的 DEM 获得每个点的高程值。④所计算的原始影像像素坐标往往不是整数，因此需要进行影像插值采样，为得到好的插值效果，采用双三次采样方法。虽然本方法运算量较大，但因 GPU 具有强大计算能力，并不影响处理效率。⑤如果 SAR 影像为复数影像，还可转换成幅度相位影像。

相比 CPU 串行处理方法，基于 GPU 的 SAR 影像大规模并行处理方法将多个运算量大的步骤交给了 GPU 进行处理，GPU 利用其处理核心多的特点，同时启动大量线程，每个线程对应一个像素，多个线程同时计算，提高了计算效率。采用的逐像素处理方法也可较好地保证校正后影像效果。

9.2.3　计算平台与实验数据

计算平台由两部分构成，即主机系统和 GPU 加速卡。主机系统为 1 台 Dell 公司生产的图形工作站，GPU 加速卡为图形工作站自带的显卡。主机系统配置如表 9.1 所示，GPU 加速卡配置如表 9.2 所示，其实物如图 9.11 所示。采用的 GPU 卡目前属中等级别性能的专业显卡，价格适中，既可用于图形绘制又可进行计算加速，性价比高，实用性强。

表 9.1　主机系统配置

Dell Precision T7500 工作站
(1) CPU：Intel Xeon X5675，主频 3.06 GHz
(2) 内存：48 GB
(3) 磁盘：SAS 15000 转，500G
(4) 操作系统：Windows 7 Professional, Service Pack 1, 64bit
(5) 编译环境：Visual Studio C++ 2010, NVIDIA CUDA 4.0

表 9.2　GPU 加速卡配置

NVIDIA Quadro 5000
(1) GPU 架构：NVIDIA Fermi 架构
(2) CUDA 核心数：352
(3) 单精度浮点计算能力：718.08 Gigaflops
(4) 双精度浮点计算能力：359.04 Gigaflops
(5) 卡上总存储大小：2.5GB GDDR5
(6) 存储接口：320bit
(7) 存储带宽：120GB/s

图 9.11　GPU 加速卡 NVIDIA Quadro 5000

实验数据：一景 RADARSAT-2 SLC 影像，输入两个波段，分别对应实部和虚部，影像大小为 13042 像素×11812 像素，数据类型为 16 位有符号整型，文件大小为 589MB。影像对应平原地区，设置几何校正处理所需高度值为该区域平均高度。纠正后影像为幅度相位数据，对应地面采样分辨率为 3.0m，影像大小为 9244 像素×8762 像素，输出数据类型同输入影像，文件大小为 311MB。

9.2.4　加速处理实验结果

RADARSAT-2 影像几何校正前后影像显示如图 9.12 所示，因几何校正前为复数影像，图 9.12(a)只显示其实部波段，图 9.12(b)只显示几何校正后影像幅度波段。

(a)几何校正前(只显示实部部分)　　(b)几何校正后(只显示幅度部分)

图 9.12　RADARSAT-2 影像

实际应用过程中，因一整幅影像过大，GPU 卡上存储容量有限(本实验采用的

GPU 卡上总存储容量为 2.5GB)，且 GPU 处理过程中每个线程需要为各步骤定义多个浮点型变量，存储空间消耗较大，不可能一次将整景影像数据全部导入 GPU 进行处理。虽然目前高端的 GPU 卡上存储已经达到 6GB 甚至更高，但待处理的整景影像大小是不确定的，且目前的趋势是单景影像越来越大，单景大小动辄达到 2GB 以上，因此不可能单次完全导入进行处理。本方法采用分批导入导出，影像进行大块划分，每次导入一大块数据进行处理，分别试验了 5 种分块大小：2048×2048、3072×3072、4096×4096、5120×5120、6144×6144。为提高 GPU 计算资源使用率，CUDA 环境中线程数量设置两个重要的参数 Grid 和 Block，配置如下：dimBlock(16, 16), dimGrid(块长/16，块长/16)。

分别记录不同分块配置情况下单个块 CPU 串行处理和 GPU 并行处理所用的时间，其中 CPU 串行处理只利用单个处理核心，整个流程全部由 CPU 完成，即图 9.10 流程中虚线框内各步骤全部交由 CPU 进行处理。根据 CPU 串行处理和 GPU 并行处理所用时间，基于 GPU 的并行计算加速比定义如下：

$$S(g)=\frac{t_s}{t_g} \tag{9.1}$$

式中，t_s 是 CPU 串行处理所用时间；t_g 是 GPU 并行处理所用时间，记录的 GPU 计算时间为数据从主机内存导入至 GPU 的时间、GPU 处理时间和处理结果从 GPU 导出至主机内存三部分时间的总和。

表 9.3 给出了 RADARSAT-2 影像不同块大小配置情况下 CPU 串行与 GPU 并行处理单块影像所用时间和其加速比。数据表明，RADARSAT-2 数据不同分块配置的加速比在 39～41 倍。记录的时间只精确到小数点后两位，因 GPU 完成 2048×2048 块大小所用时间极短，记录时间时会存在一定的误差。

表 9.3 RADARSAT-2 影像不同块大小完成单块计算所用时间

块大小	2048	3072	4096	5120	6144
CPU 串行/s	3.48	7.79	14.48	21.84	32.90
GPU/s	0.09	0.20	0.35	0.56	0.83
加速比/倍	39	39	41	39	40

使用分块导入 GPU 进行 SAR 影像处理是一种实用的技术手段。数据块大到一定程度后，如 2048×2048 大小，不同分块大小配置所取得的加速比基本一致。采用的 GPU 加速卡，可充分发挥 GPU 计算能力，GPU 处理效率基本一致。分析其原因是五种块配置都能具有很高的 GPU 线程占有率，充分发挥了 GPU 的计算性能。采用的 Fermi 架构 GPU 具有 352 CUDA cores，每 32 CUDA cores 组成一个 SM(Streaming Multiprocessor)，共有 11 个 SM。每个 SM 最大驻留线程为 1536 个。

如果每个像素对应一个线程,每个数据块所需的线程数远超于 GPU 单次并发最大驻留线程数。并且实验采用的线程配置策略也是一种优化的策略。

本节以 SAR 影像几何校正为例，提出了 GPU 支持的 SAR 影像加速处理方法，实验证明提出的分块导入方法实用性强，加速效果明显，充分发挥了 GPU 强大的计算能力，从而满足大幅面 SAR 影像快速处理需求。

9.3 系统概况

SAR 影像高性能处理解译系统是一套具有多模态 SAR 影像通用处理、高级处理和专业处理等模块的软件系统，系统可扩展、可伸缩，既可运行于单机又可运行于集群计算机，能处理国际国内主流航空航天 SAR 数据、功能覆盖 SAR 影像处理全流程、具有 PB 级影像数据管理和并行处理能力。

9.3.1 SAR 影像高性能处理解译系统设计

借鉴国内外商用软件先进的设计理念，结合 SAR 数据处理解译的特征及应用需求，采用软件工程相关理论进行 SAR 影像高性能处理解译系统的体系结构设计、功能设计、流程设计、集成方案设计等，形成了系统总体设计方案，为 SAR 影像高性能处理解译系统提供总体框架及统一标准。

1. 体系结构设计

SAR 数据处理解译系统体系结构，从逻辑结构上划分为物理层(硬件设备)、系统层、数据层、通信层(中间件)、算法层、应用层，具体描述见 9.3.2 节。

2. 系统功能设计

SAR 影像高性能处理解译系统主要由系统管理、通用处理、高级处理、专业处理四大模块组成，如图 9.13 所示。

(1) 系统管理模块。针对用户的不同需求，统一管理和调度集群系统的软、硬件资源，提高系统资源的利用率和应用程序的吞吐量，保证用户作业合理地共享集群资源。该模块主要包括任务调度、任务管理、流程定制、系统配置等功能。

(2) 通用处理模块。针对用户对 SAR 影像的基本处理需求，通用处理模块主要包括文件导入导出、基本工具、极化处理、辐射处理、几何处理、制图等功能。它是 SAR 影像精确处理、高精度三维信息提取、高可信地物解译高级功能的基础。

(3) 高级处理模块。针对用户对 SAR 影像的精确处理、高精度三维信息提取和高可信地物解译的需求，高级处理主要包括 SAR 联合定位、地形辐射校正、多模态干涉 SAR 处理、立体 SAR 处理、DInSAR 处理、SAR 高可信地物解译、知识库调用接口等功能，它是 SAR 技术的重要拓展和高级应用。

(4) 专业处理模块。整合处理、分析、解译、反演等功能，针对重点应用行业，形成了可移植的专业处理模块，以满足特定的应用需求。该模块主要包括高精度地形测绘与土地利用分类、植被覆盖监测的应用。

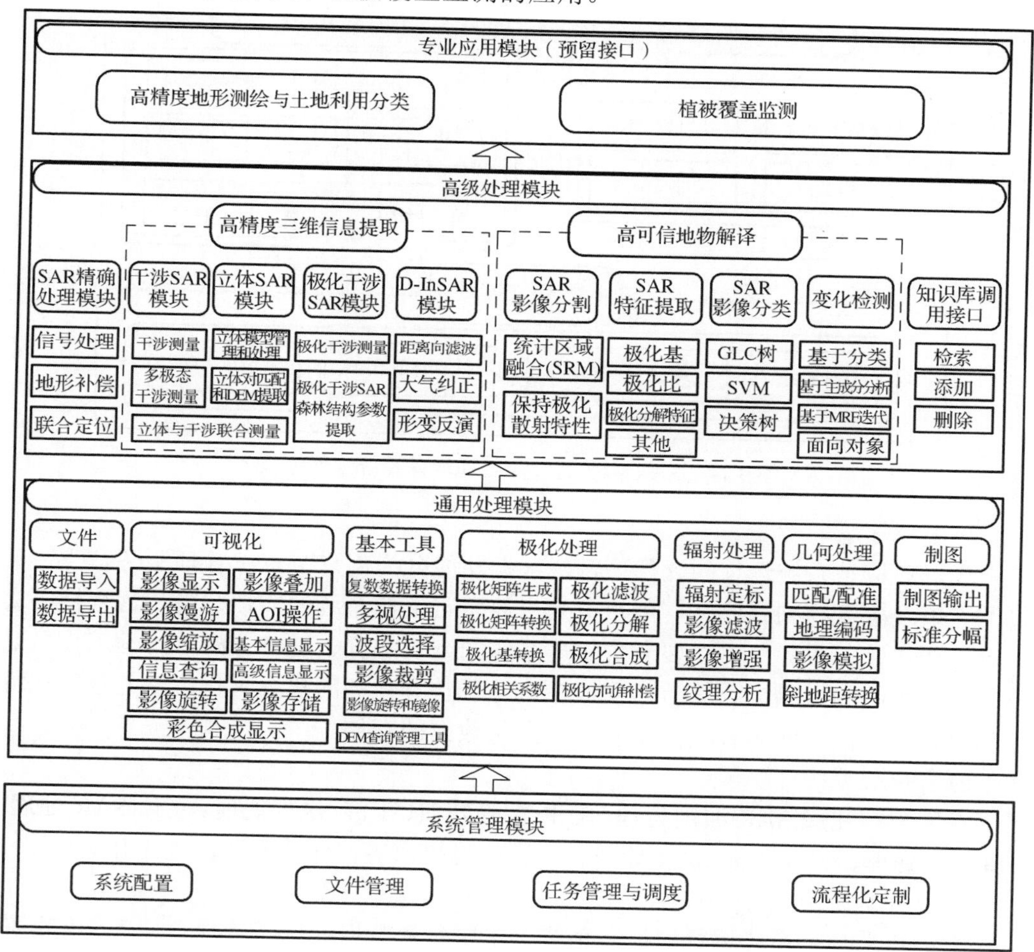

图 9.13 SAR 影像高性能处理解译系统功能图

3. 系统工作流程设计

为完成用户处理流程，需将 SAR 影像通用处理、精确处理、高精度三维信息提取、高可信地物解译、大规模并行处理和分布式集群作业环境、高效的计算机资源按照有效的方式组织起来，并形成一套处理流程，使多用户在局域网内共享网络资源进行并行式的协同作业。将系统划分成集群环境、服务器、客户端三大部分。集群环境为系统运行提供了高性能计算环境；服务器负责统一管理和调度集群系统的软硬件资源；客户端负责具体的作业配置，SAR 影像高性能处理解译系统工作流程如图 9.14 所示。

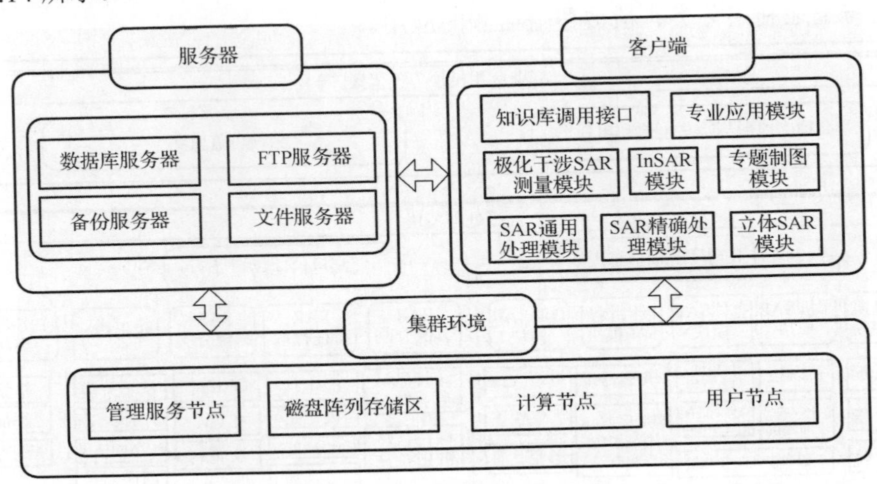

图 9.14　SAR 影像高性能处理解译系统工作流程

1) 集群环境

集群环境是系统运行的硬件平台，根据功能分为用户节点、管理服务节点、计算节点以及磁盘阵列存储区。用户节点主要负责集群系统的前端登录、远程控制访问等操作；管理服务节点主要负责集群系统的全局配置、任务分配等管理工作，是整个集群系统的大脑；计算节点主要负责并行计算任务的执行工作，是并行算法程序的执行者；磁盘阵列存储区主要负责海量数据的存储。

2) 客户端系统

在客户端完成 SAR 通用处理、SAR 精确处理、干涉 SAR 处理、立体 SAR 处理、DInSAR 处理、极化干涉 SAR 处理、专题信息提取等作业的参数配置工作。

3) 服务器系统

服务器系统是系统运行的控制系统，主要负责数据的统一管理、任务调度、任务管理、系统配置管理等。客户端与服务器端两者通过中间件关联，负责提供进程管理、空间信息资源分配、信息存储与访问、质量控制等服务。

系统具体工作流程如下：

(1) 管理员配置系统环境；

(2) 作业员在客户端进行作业任务参数配置，生产配置文件提交给服务器；

(3) 服务器总控程序调度后台计算资源执行作业；

(4) 作业员在客户端查看后台的状态、进度、出错情况。

4. 开发方法设计

在系统总体设计方案的指导下，集成已有 SAR 影像处理技术以及最新攻关的 SAR 技术成果，充分利用最新计算机技术，采用快速原型系统实现方法与渐增式构件开发和集成方法，实现 SAR 影像高性能处理解译系统的开发和集成。

1) 快速原型系统实现方法

依据总体设计的系统体系结构，通过快速原型系统的方式，实现影像高性能处理解译系统设计的可扩展软件体系结构、SAR 影像集群等大规模快速处理技术(包括多任务处理和流水线处理)，然后通过迭代增量方法不断完善系统，不断增加功能模块。

(1) 基于任务分解的产品驱动。将 SAR 产品生产任务划分为不同产品生产阶段，对于不相关的产品，可以分治生产，最终生成所需产品，多任务分解策略图如图 9.15 所示。

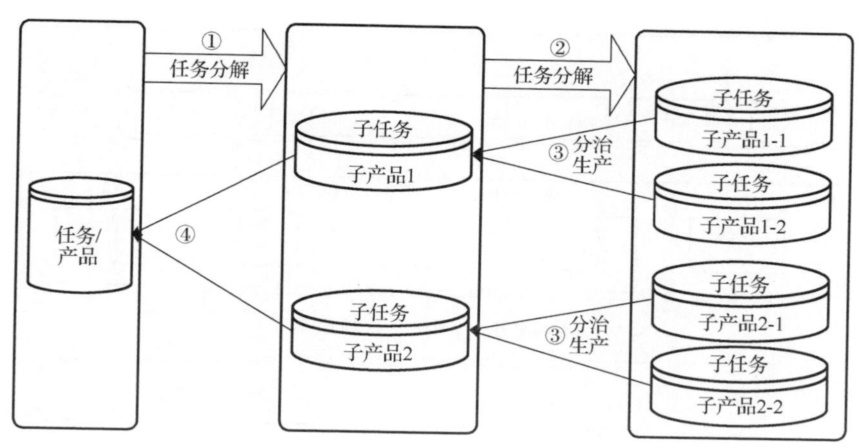

图 9.15　多任务分解策略图

(2) 基于功能分解的影像链驱动。将 SAR 影像处理的过程看作一个影像流水线处理链。处理链由各个相关功能模块组成，作为 SAR 影像并行处理的基本单位，流水线处理策略图如图 9.16 所示。

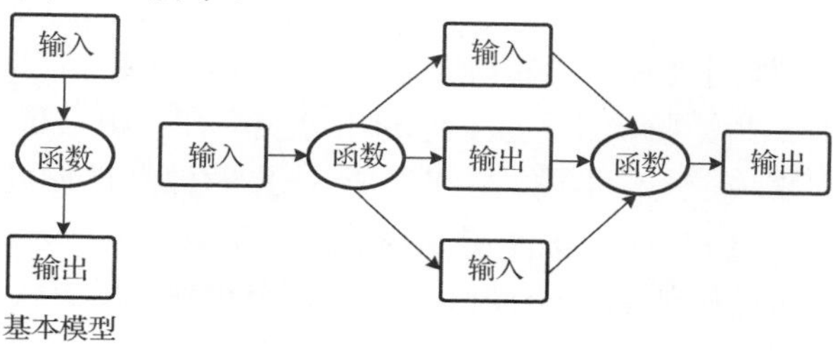

图 9.16　流水线处理策略图

2）渐增式的构件开发和集成方法

通过集成可复用的软件构件来构造软件系统，具有模型化、可复用、高可靠、可扩展等特点，同时平台的开发重心也由程序设计转移到构件组装技术。系统的开发采用渐增式构件的开发和集成方法，依据软件蓝图，将平台各功能模块，自顶向下、逐步分解，分析并提炼可重用成分，将大粒度的构件以较小粒度的构件来实现，构件开发遵循强内聚、松耦合和信息隐蔽的原则。具体来说，首先对底层的公共类库层（SAR 读写和几何处理库）进行封装并测试，然后对单个构件模块（SAR 的典型算法）进行开发和单元测试，进而通过统一的功能调用层进行构件的封装并测试，最后将这些构件逐步组装成较大粒度的构件（如流水线处理链）。在组装的过程中边集成边测试，直到整个系统的完成。渐增式的构件开发和集成方法如图 9.17 所示。

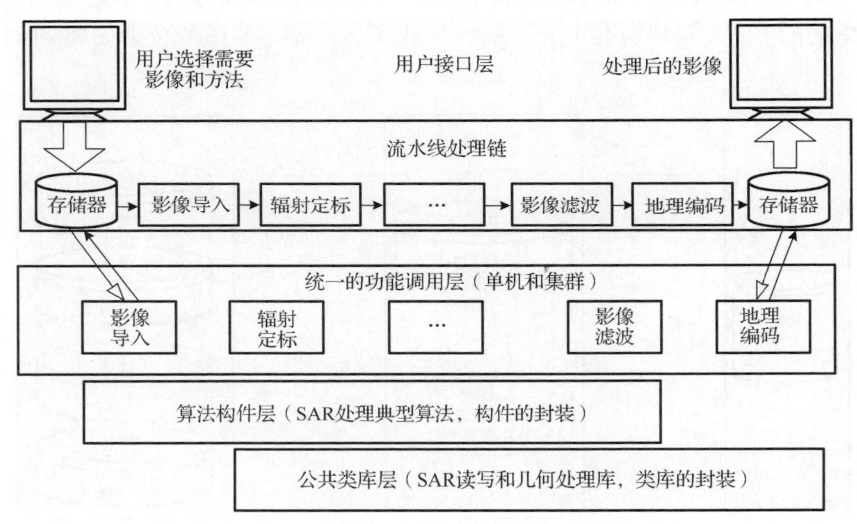

图 9.17　渐增式的构件开发和集成方法示意图

5. 集成方案设计

在科学的软件项目管理规范和严格的质量保证体系下，依据规范化的系统开发标准，按照迭代增量方式进行软件的集成。基于构建的软件基础平台，采用软件渐增式集成方式实现“通用处理”“精确处理”“高精度三维信息提取”“高可信的 SAR 地物解译”“高精度地形测绘与土地利用分类”和“植被覆盖监测”等模块集成、界面集成、数据集成、流程集成，最终形成 SAR 影像高性能处理解译系统。SAR 影像高性能处理解译系统集成方案如图 9.18 所示。

（1）模块集成。通过构件的统一接口来连接各个模块，以灵活、松散耦合的方式实现各个模块之间的连通。

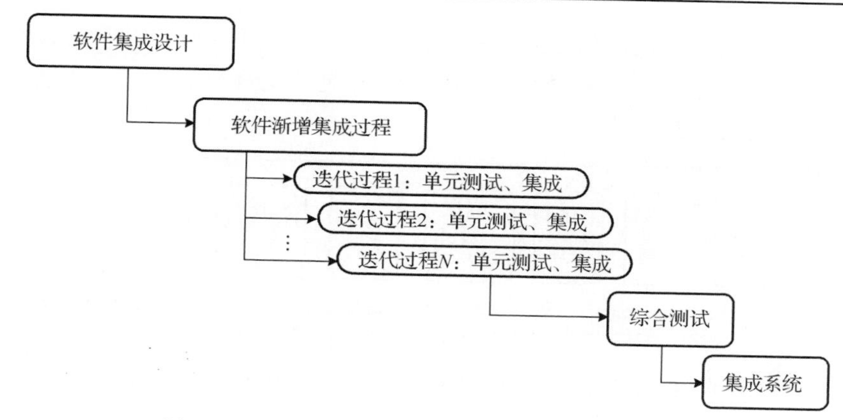

图9.18　SAR影像高性能处理解译系统集成方案

(2) 界面集成。通过制定统一的界面风格保证系统的整体效果。界面风格包括界面的基本色调、所使用的基础窗口控件、软件的基本命名规范等。系统的所有图形界面都遵守统一的界面风格来设计与开发。

(3) 数据集成。通过数据的集中存储与访问，制定统一的数据规范(统一的数据模型、基于目录的统一的数据组织方式以及统一数据交换标准)来完成各模块间的数据集成。

(4) 流程集成。通过制定统一的消息通信格式及接口规范来实现系统内部的流程集成，保证模块间相关功能的有效监控和调度。

9.3.2　可扩展可伸缩的SAR影像高性能处理解译框架

以构建高性能、健壮、高效、易用、可扩展的底层平台为主要设计目标，按照安全性、可靠性、可扩展性、实用性、开放性、先进性、可管理性、一体化设计原则，在高性能集群环境下，基于软件构件化、软件可重用、跨平台等思想，设计可伸缩和扩展的SAR数据处理软件体系结构，使得各功能模块可拆卸与组装，实现系统功能与资源可定制、可配置。软件既可在单机环境下也可在集群系统下运行，最终满足从TB级至PB级不同遥感数据规模的处理需求。

分层结构的特点是可以通过隔离系统各通用程度不同的部分，隐藏各层的实现细节，低层不必关心高层次的细节与接口，降低了系统的复杂度。

系统从逻辑结构上划分为物理层(硬件设备)、系统层、数据层、通信层(中间件)、算法层、应用层，如图9.19所示。

(1) 物理层。主要由搭建集群系统的所有硬件设备组成，包括高速存储局域网、并行集群计算系统、配置与管理终端、终端用户等。所有硬件设备通过高速传输网络相互连接、通信，为整个系统提供物理上的运行平台。

(2) 系统层。主要包括 Windows 操作系统、并行操作系统、并行文件系统、任务调度软件、系统管理软件等。将不同硬件设备通过逻辑映射成单一系统结构，实现用户的硬件无关性透明访问。

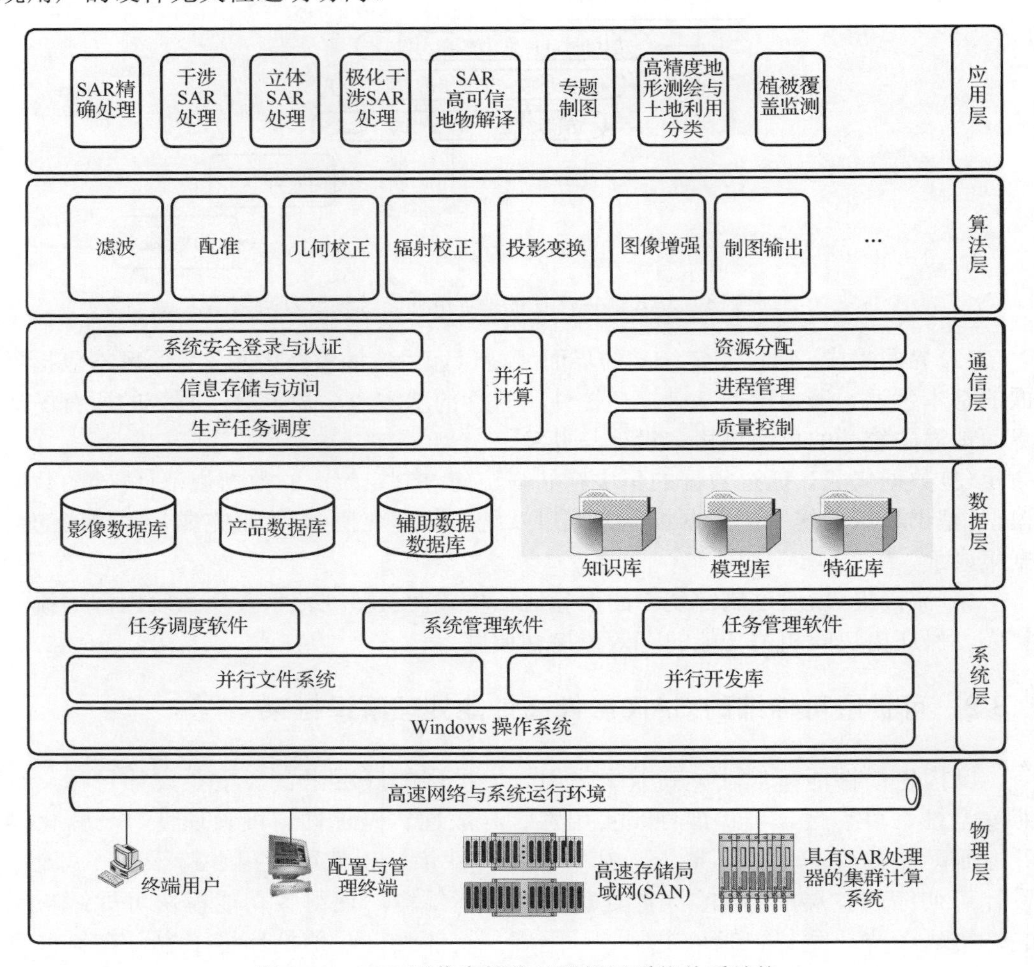

图 9.19 SAR 影像高性能处理解译系统体系结构

(3) 数据层。主要包括影像数据库、产品数据库、辅助数据库，以及典型地物影像库、典型目标后向散射实测库、模型库、特征库、知识库等，为系统提供了数据基础。

(4) 通信层。主要包括远程进程管理、空间信息资源分配、信息存储与访问、系统安全登录和认证、质量控制、并行计算等中间件。不仅实现了各种应用程序间的简单互连，也可以实现它们之间各种更复杂的互操作。中间件的位置一般位于应用层和底层实现之间。它通过对属于相应层次的功能实现，并进行透明封装，使得相应的应用层软件可以独立于底层实现机制(如计算机硬件和操作系统平台)，可单独进行开发，并实现不同平台间相同层次应用的跨平台操作。

(5)算法层。利用 MPI(Message Passing Interface)消息传递接口，将 SAR 影像处理的各个功能(如滤波、配准、融合、几何校正、辐射校正、增强、变换等)实现并行化。

(6)应用层。将底层算法以流程链的方式链接到一起，形成一个能够提供影像处理完全自动化的生产线，为 SAR 精确处理、干涉 SAR 处理、立体 SAR 处理、专题信息解译、高精度地形测绘与土地利用分类、植被覆盖监测等应用提供可视化的处理链。

9.3.3　SAR 影像高性能处理解译系统的开发和集成成果

1. 系统版本

SAR 影像高性能处理解译系统分为单机版和集群版，其主界面如图 9.20 与图 9.21 所示。

1) 单机版

图 9.20　SAR 影像高性能处理解译系统的单机界面

2) 集群版

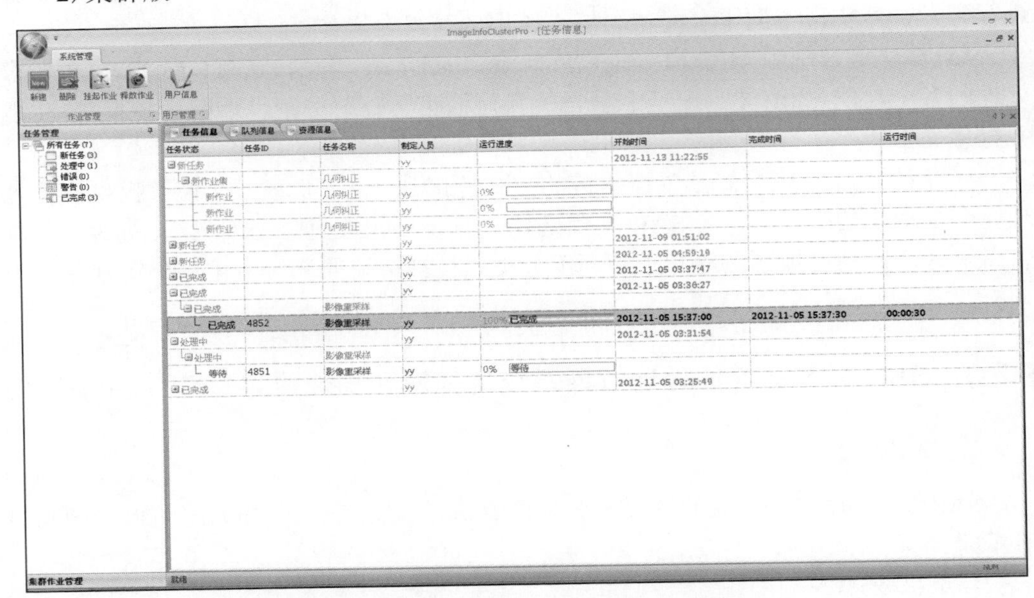

图 9.21 SAR 影像高性能处理解译系统的集群界面

2. 系统结构

1) 统一的 SAR 数据描述规范和数据字典

定义了系统数据的存储格式，包括影像数据、图形数据、控制点数据、数据库数据等数据的格式以及相应的数据字典。其中，数据字典包括雷达元数据、图形元数据、数据库元数据和点目标元数据。

(1) 影像元数据主要包含以下部分：数据标签(dataset tag)、基本参数(basic parameters)、正射参数(orthorectification parameters)、极化参数(polarimetric parameters)、干涉参数(interferometric parameters)、平台状态参数(platform position parameters)和配准与基线参数(registration baseline parameters)。

(2) 影像数据存储格式。数据体按照波段顺序格式以 Intel 字节顺序存储，如图 9.22 所示。

波段 1			波段 2			…	波段 n
像元 (0, 0)	像元 (0, 1)	…	像元 (0, 0)	像元 (0, 1)	…	…	…
像元 (1, 0)	像元 (1, 1)	…	⋮	⋮	…		
⋮	⋮	…					

图 9.22 SAR 数据存储格式

2) 软件类结构

设计了统一的软件系统的类结构，结构图如图 9.23 所示，其对应操作如表 9.4 所示。

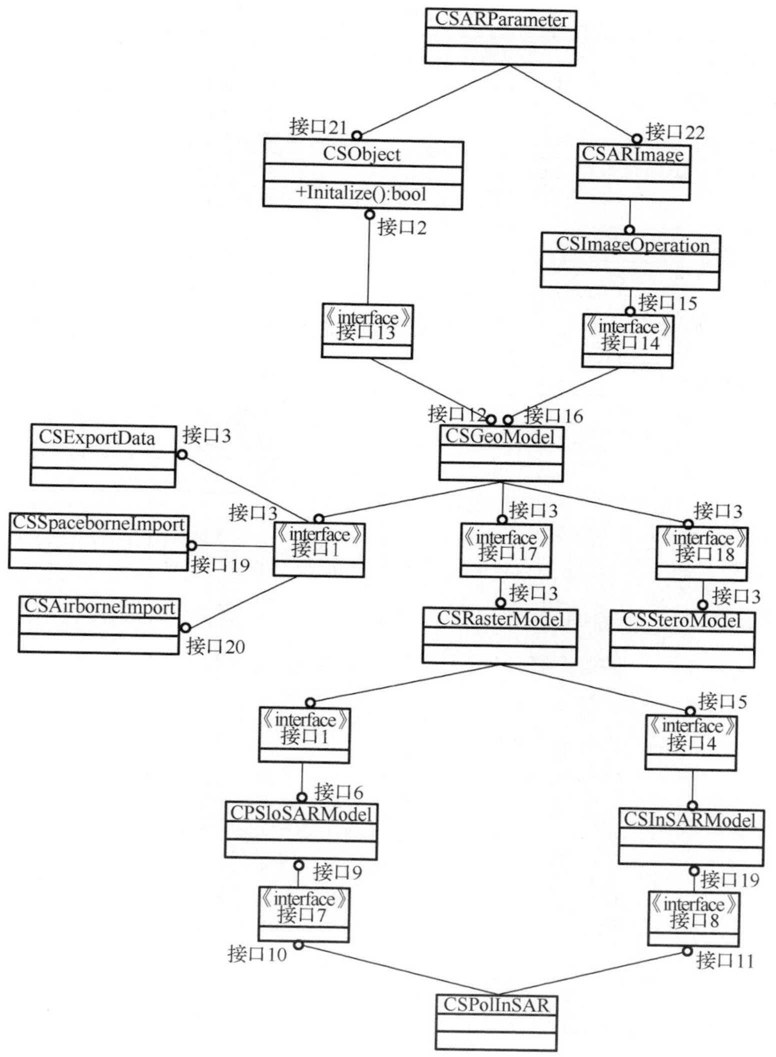

图 9.23　软件系统类结构

3. 系统功能模块

软件系统具有以下的功能：系统管理功能(系统配置功能和任务调度功能)、文件导入导出功能、通用处理功能(SAR 影像基本处理功能、SAR 影像极化处理功能、SAR 影像辐射处理功能、SAR 影像几何处理功能和制图功能)、高级处理功能(SAR

影像精确处理功能、三维信息提取功能、模型与知识库接口功能、地物解译功能）和两个专业应用接口(高精度地形测绘与土地利用分类和植被覆盖监测)。

表 9.4　软件系统类名称和对应操作

类名	含义
CSARparameter	SAR 元数据定义和数据基本操作
CSObject	SAR 元数据、控制点数据初始化 SAR 输出产品类型定制
CSGeoModel	SAR 几何操作
CSRasterModel	SAR 栅格影像数据操作
CSSpaceborneImport	星载 SAR 数据导入操作
CSAireborneImport	机载 SAR 数据导入操作
CSRawImport	二进制数据导入操作
CSExportData	数据导出操作
CSSteroModel	SAR 立体测图操作
CSInSARModel	SAR 干涉测量操作
CSPolSARModel	极化 SAR 操作
CSPolInSARModel	极化干涉测量操作

1) 系统管理模块

系统管理包括软件系统的配置和任务的调度。系统管理界面如图 9.24 所示。软件系统可设置为单机平台和集群平台，以满足不同计算效率的用户需求。

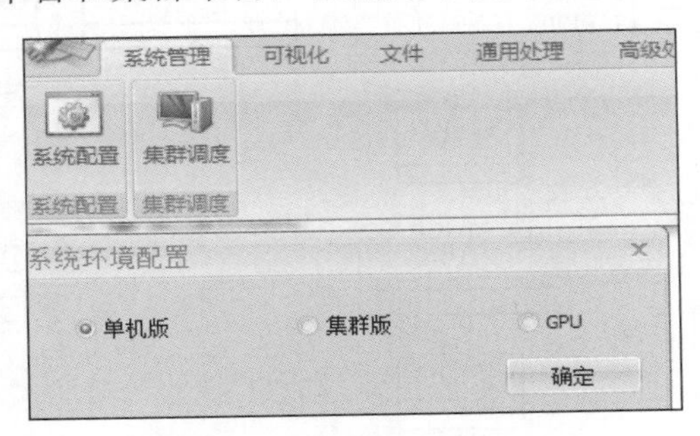

图 9.24　系统管理界面

2) 文件导入和导出模块

根据文件导入导出模块的设计，开发并集成了高分辨率星载 SAR 传感数据导入模块，如 ASAR、ERS1-2、TerraSAR-X、RADARSAT-2、COSMO-SkyMed 和 ALOS/PALSAR、国内环境星等和多种机载 SAR 数据源的数据导入模块如 AIRSAR、ESAR、PISAR、EMISAR、CONVAIR、国产 CASMSAR 等以及二进制数据的导入。开发和集成了 img、envi 等多种栅格数据的导出模块。图 9.25 显示了星载 SAR 数据导入的界面。

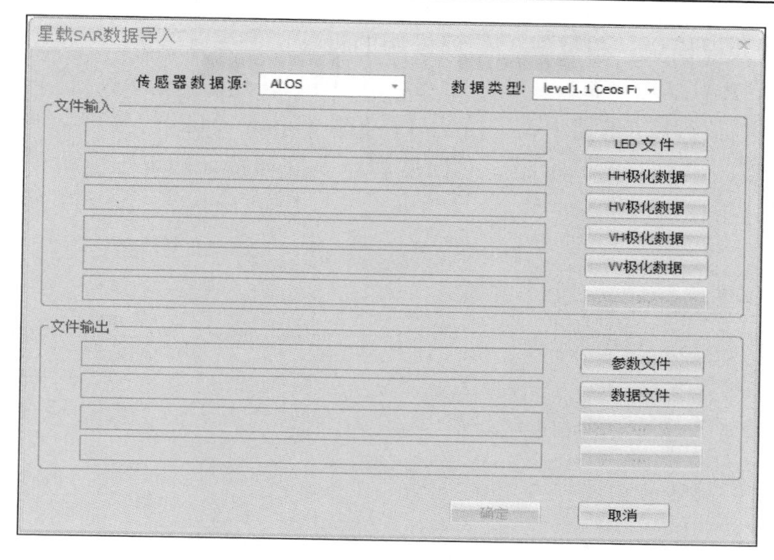

图 9.25　星载 SAR 数据导入界面

3）通用处理模块

通用处理包括 SAR 基本工具、辐射处理、几何处理、极化处理等基础模块。

（1）基本工具模块。根据基本工具模块的设计，开发了复数数据转换（转化成实部数据、虚部数据、强度数据、振幅数据等）、支持任意数据格式的波段选择、影像裁剪（影像坐标和地理坐标）、多视处理、影像旋转（任意角度）和镜像（水平和垂直）及 DEM 查询管理工具（支持经纬度、高斯平面坐标和图幅号查询）的基本工具模块。图 9.26 显示了影像旋转和镜像模块界面。

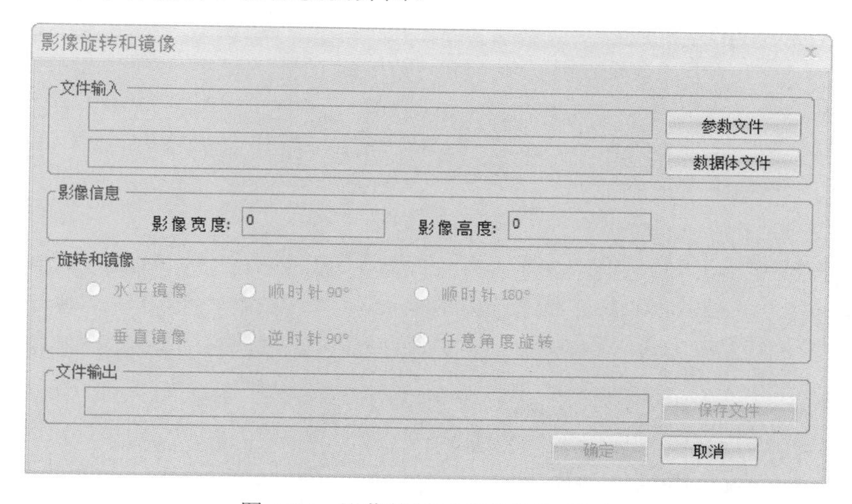

图 9.26　影像旋转和镜像模块界面

(2) 辐射处理模块。根据辐射处理模块的设计，开发了支持 ASAR、ERS1-2、TerraSAR-X、RADARSAT-2、COSMO-SkyMed 和 ALOS/PALSAR 等多种星载 SAR 数据的辐射定标模块，包括中值、Lee、Frost 和 GammaMap 的强度滤波模块，包括影像均值、熵、相关、角二阶距、对比度和方差纹理特征的纹理分析模块。图 9.27 显示了纹理分析模块界面。

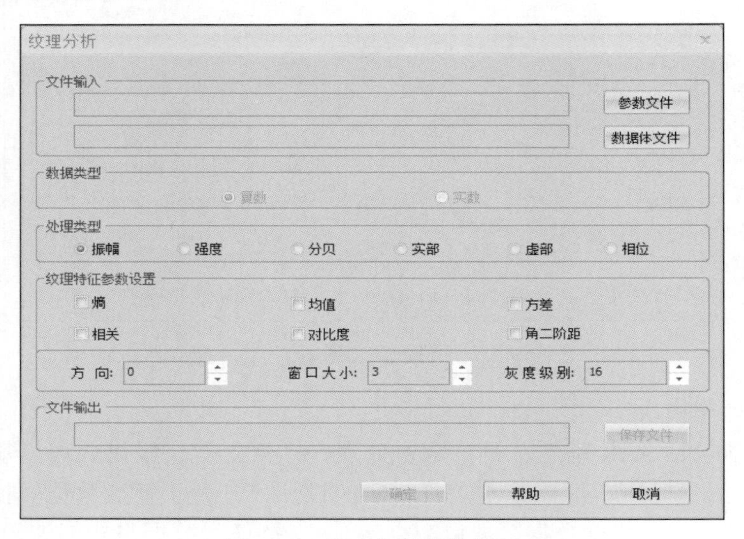

图 9.27　纹理分析模块界面

(3) 几何处理模块。根据几何处理模块的设计，开发了支持多种数据格式产品的影像匹配/配准、地理编码、斜地距转换、影像模拟、本地入射角计算模块，图 9.28 显示了影像匹配/配准界面。

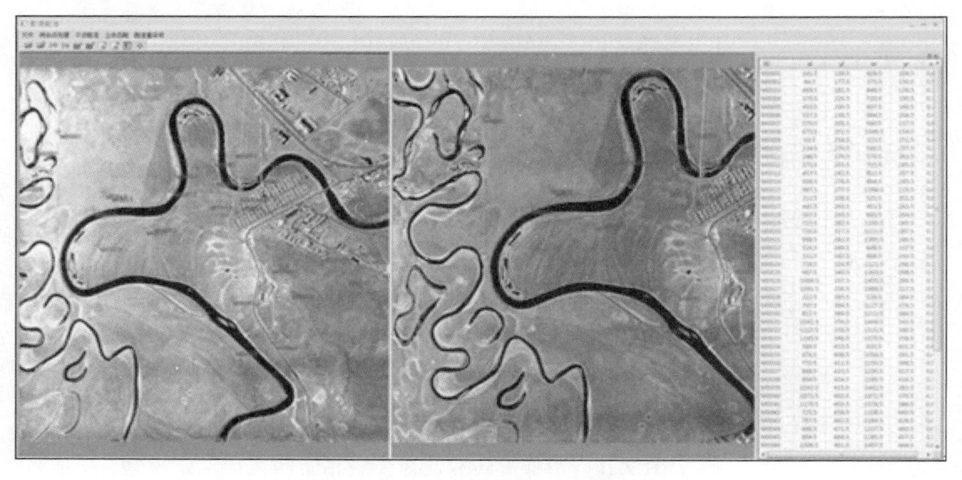

图 9.28　影像匹配/配准界面

(4) 极化处理模块。根据极化处理模块的设计开发了极化矩阵生成、极化矩阵转换、极化基转换、极化相关系数生成、极化分解、极化合成和极化方位角补偿模块。图 9.29 显示了极化合成界面。

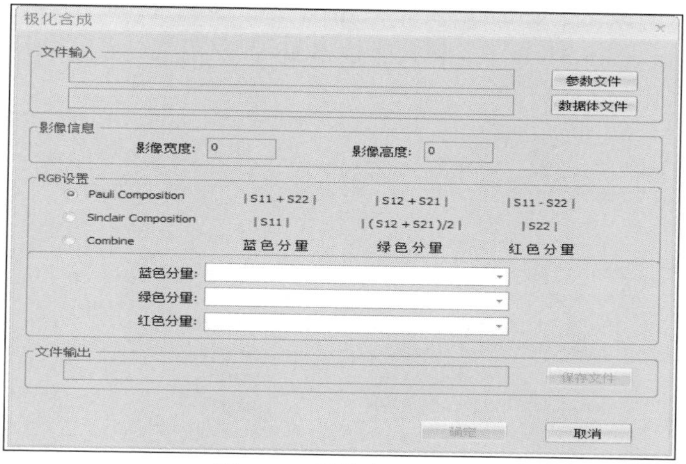

图 9.29　极化合成界面

4) SAR 高级处理模块

SAR 高级处理模块包括 SAR 精准处理、三维信息提取、SAR 高可信地物解译和知识库接口。

(1) SAR 精准处理。根据 SAR 精准处理的设计，开发了包括航带管理、航带加密和影像管理等功能的联合定位模块，包括外部 DEM 地形辐射校正和极化 SAR 地形辐射校正功能的地形辐射校正模块以及 SAR 信号精细处理模块。图 9.30 显示了航带加密界面。

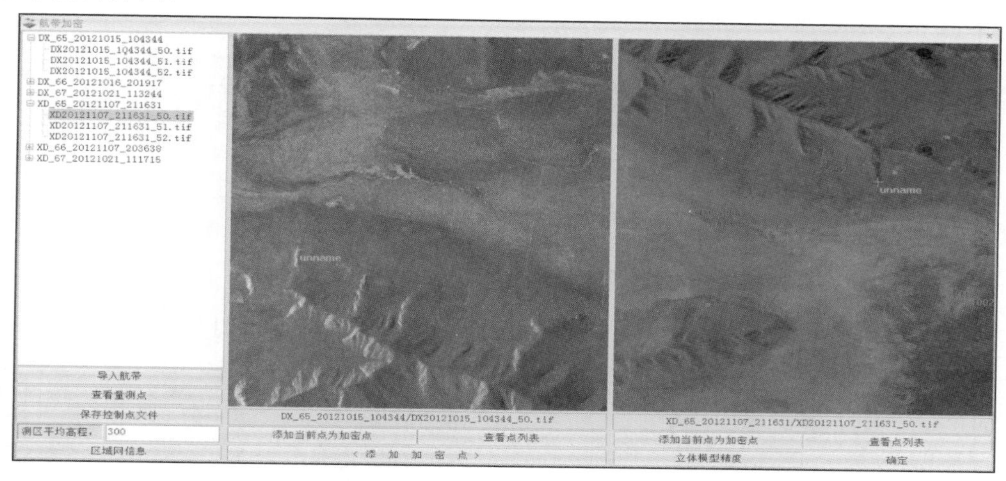

图 9.30　航带加密界面

(2)三维信息提取。根据三维信息提取的设计，开发了支持机载和星载干涉 SAR 数据处理的干涉 SAR 模块，包括立体模型管理、立体模型处理、基于匹配的 DEM 提取和基于影像模拟的 DEM 提取的立体 SAR 模块，包括极化干涉 SAR 测量和森林结构散射提取的极化干涉 SAR 模块，包括差分干涉测量和时间序列差分干涉测量的 DInSAR 模块。图 9.31 显示了极化干涉 SAR 测量界面，该模块既支持批处理又支持单步处理操作。

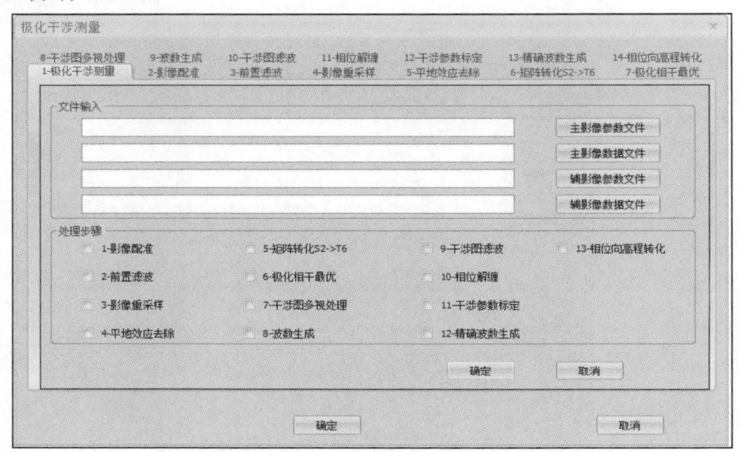

图 9.31　极化干涉 SAR 测量界面

(3)SAR 高可信地物解译。根据 SAR 高可信地物解译的设计，开发了包括 SAR 影像分割、SAR 特征提取、样本采集、面向对象的 SAR 影像分类、典型地物提取和变化监测等面向 SAR 地物解译功能的子系统，界面如图 9.32 所示。

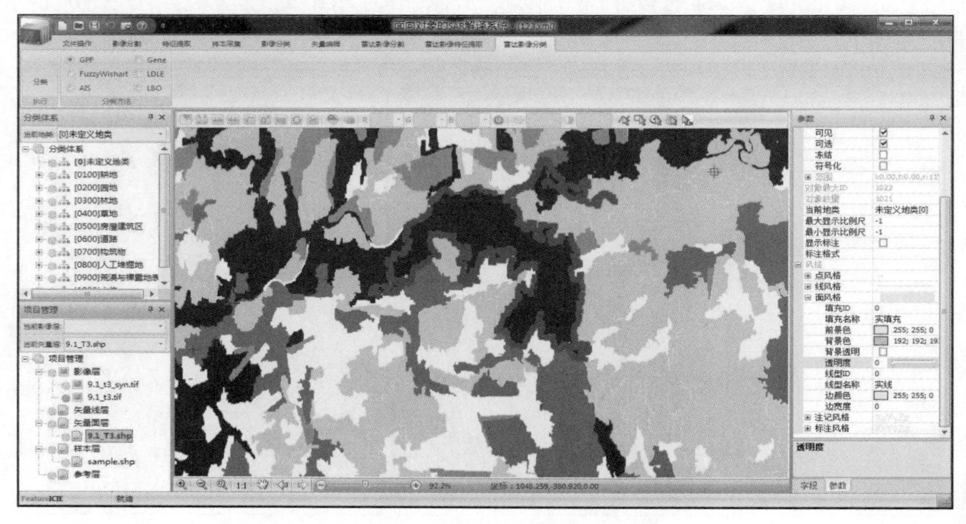

图 9.32　SAR 高可信地物解译子系统界面

开发集成基于知识库的面向对象解译模块，主要体现在：①基于知识库的样本选取(图 9.33)，即将选取的样本矢量特征与知识库中的典型地物影像特征进行匹配以识别样本类别；②基于知识库的解译(图 9.34)，即利用知识库直接对整幅影像中每个矢量进行地物类别的识别。

图 9.33　基于知识库的样本选取

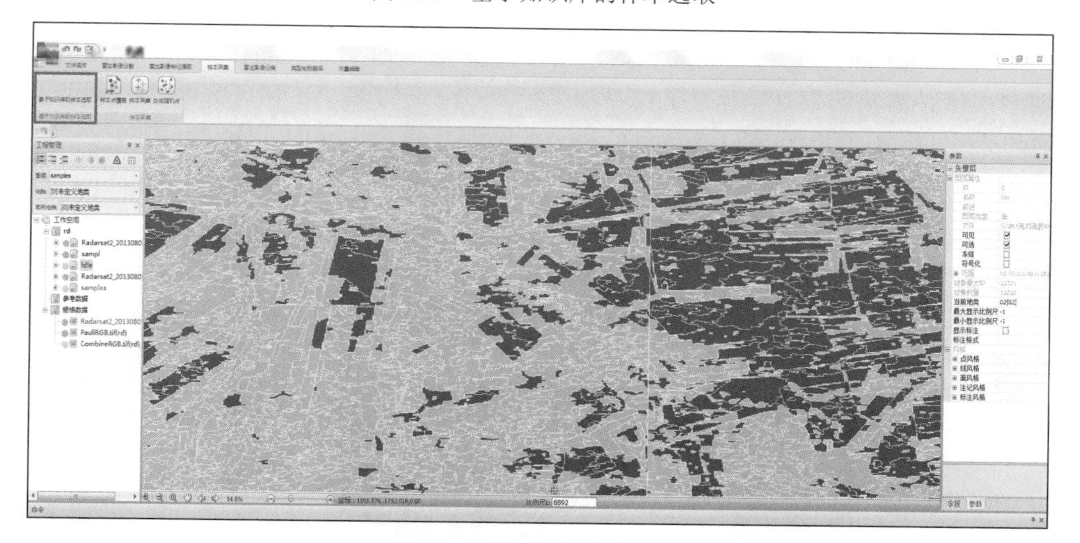

图 9.34　基于知识库的解译

(4)知识库接口。根据 SAR 高可信地物解译的设计，开发了包括典型地物 SAR 影像库、微波散射模型库、后向散射特性数据库和综合知识的典型地物类别知识库子系统(知识库接口)，界面如图 9.35 所示。

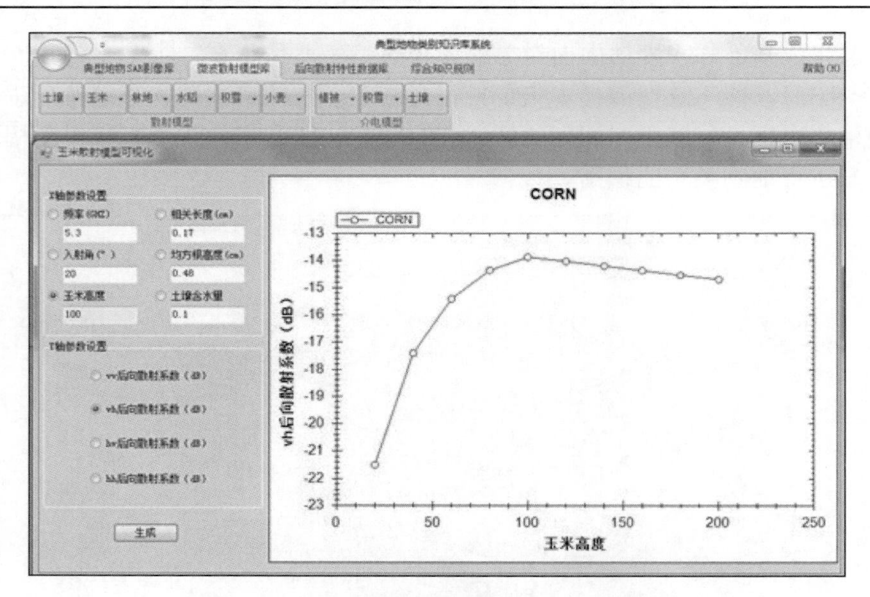

图 9.35　典型地物类别知识库子系统界面

5) 专业应用模块

针对测绘和林业两大典型行业的应用需求，开发了包括 SAR 高精度地形测绘与土地利用分类和 SAR 植被覆盖监测的专业应用模块。

(1) SAR 高精度地形测绘与土地利用分类模块。根据 SAR 高精度地形测绘与土地利用分类模块的设计，开发了包括数据导入、空三加密、DOM (Digital Orthophoto Model)、DEM、DLG 和 LC (Land Cover) 产品制作模块，界面如图 9.36 所示。

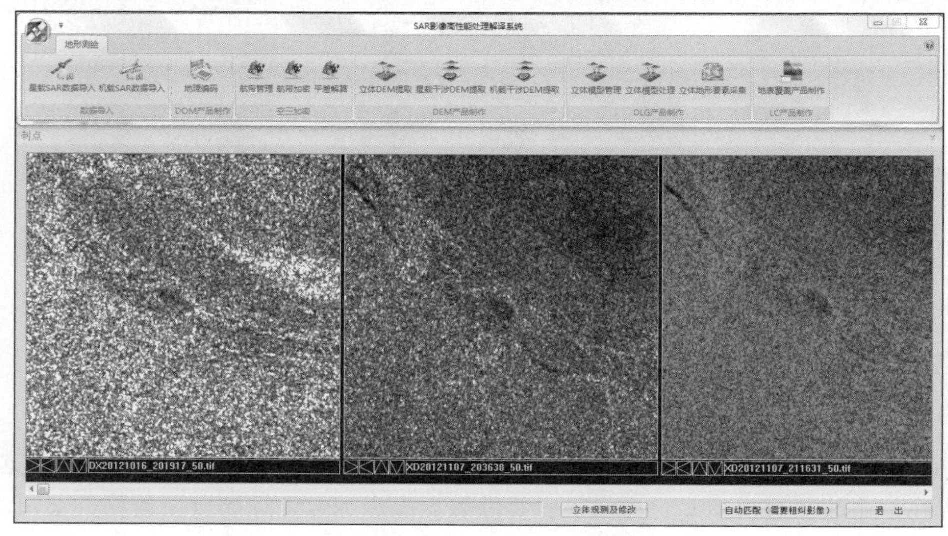

图 9.36　SAR 高精度地形测绘与土地利用分类模块界面

(2) SAR植被覆盖监测模块。根据SAR植被覆盖监测的设计，分别开发了植被覆盖分类模块和植被结构参数估测模块。植被覆盖分类模块包括多时相SAR森林分类、极化干涉SAR森林类型分类、极化SAR面向对象分类。植被结构参数估测模块包括基于长波长SAR统计估测、干涉相干层析森林结构参数提取、极化干涉SAR森林结构参数估测。图9.37为SAR植被覆盖监测模块界面。

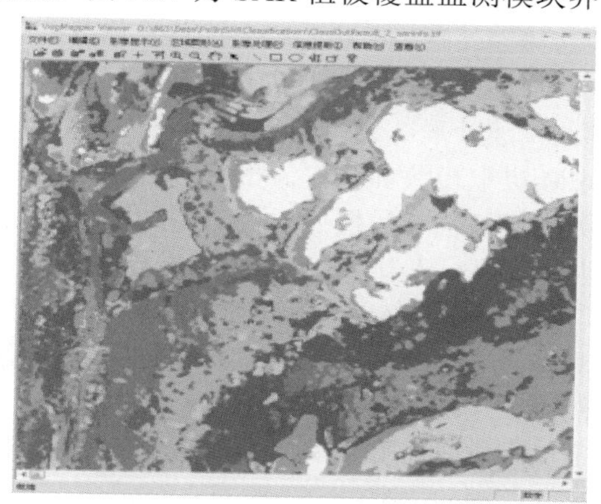

图9.37　SAR植被覆盖监测模块界面

4. 系统性能

1) PB级数据管理和处理能力

在构建的并行集群计算硬件系统中，配置了StorNext文件存储管理软件系统，利用StorNext实现了PB级数据的管理和存储，如图9.38所示。

图9.38　利用StorNext管理的PB级存储系统

同时，应用 StorNext 文件存储管理系统，使文件并行读写速度超过了 640MB/s，不低于常规读写的十倍。

2) 大容量快速处理能力

软件系统应用了基于任务分解、功能分解和 GPU 加速的三种大容量 SAR 快速处理技术，极大地提升了数据处理的效率。

(1) 基于任务分解的快速处理。集群系统支持基于任务分解的快速处理，使各个功能模块的处理达到百个 CPU 核并行处理的能力。

(2) 基于功能分解的快速处理。三维信息处理中机星载干涉 SAR 测量、极化干涉测量和立体 SAR DEM 提取模块都能作为相应的影像流水线处理链。处理链链接了各个相关功能的子处理模块，使数据处理效率提高 30%以上。

(3) GPU 加速的快速处理。研制了基于 RPC 参数的星载 SAR 影像几何校正、基于模板的平滑滤波、影像镶嵌、SAR 影像配准、SAR 影像干涉处理五个加速单元；使用大幅面影像进行测试，五个加速单元均达到 20 倍以上加速比的性能指标。

3) 高自动化处理能力

(1) 全自动化的 SAR 影像匹配/配准。采用高效的特征提取算子和多级金字塔匹配测量，实现了全自动化的 SAR 影像匹配/配准。

(2) 半自动化的 SAR 高可信地物解译。实现了基于 SAR 影像分割、SAR 特征提取、样本采集、面向对象的 SAR 影像分类和典型地物提取半自动化 SAR 高可信地物解译，极大地减少了人工干预，数据处理效率提高 30%以上。

(3) 网络协同的 SAR 立体测图采编。实现了平面与立体环境网络协同测图，将平面环境中高效灵活的图形采集和编辑模式，融入立体 SAR 量测环境中，作业效率提高 30%以上。

第 10 章　SAR 遥感综合实验

本章首先分两个综合实验区介绍了 SAR 遥感综合实验方案，主要是配合机载遥感实验，同步或准同步获取实验区的多源卫星遥感数据，并开展地面实况数据调查获取。其次介绍了两个综合实验区实验的具体开展情况，主要从机载数据、星载数据和地面调查数据三大方面介绍最终获取到的数据及其处理和整理情况。最后对综合实验所获得的数据成果进行了总结。

10.1　SAR 遥感综合实验方案

SAR 遥感综合实验方案的编制是在已经确定了遥感综合实验总目标和方案的基础上进行的。SAR 遥感综合实验的总目标是针对高精度地形测绘、土地利用分类、植被覆盖监测等行业对多模式 SAR 数据的应用需求，选择 SAR 遥感综合实验区，组织 SAR 遥感综合实验，获取机、星载 SAR 数据和同步地面实况观测数据；对获取的机、星载遥感数据进行预处理，形成和地面实况数据严格配准的遥感综合实验数据集，建立数据库；用于机载、星载 SAR 数据处理方法、专题信息提取方法的研究；用于检验所开发的 SAR 数据处理模块和软件系统的性能与效率；用于 SAR 数据处理技术规范、软件及数据等成果的应用示范。为了实现该总目标，确定了如下实验总体原则。

(1) 综合实验区总面积应不小于 10000km^2，可以是 1 个空间连续的实验区，也可以设计为 2～4 个空间不连续的实验区。

(2) 综合实验区的地表覆盖类型应比较丰富，应包含水体、裸地、城镇、道路、桥梁、草地、农田、灌木林地、针叶林地、阔叶林地、针阔混交林地等。

(3) 综合实验区地形应包括平原和山地，周围有可用的机场，起降条件较好，不接近军事基地和边境。

(4) 综合实验区的基础地理数据丰富，历史存档的专题数据较为丰富。

(5) 在综合实验区内设两个重点实验区，大小均为 100km^2 左右，一个为测绘应用示范重点实验区，另一个为植被覆盖监测应用重点实验区，两个重点实验区空间上尽量保持连续。

按照以上实验总体原则，在实施方案制定阶段，组织相关用户进行了实验区选址调研。2012 年 6 月 15～18 日，相关技术骨干 11 人赴四川若尔盖实验区进行了实地踏勘考察，确定了在该实验区获取约 5000km^2 的机载 SAR 数据，并在该实验区设置一个约 100km^2 的重点实验区(用于星—机—地同步综合实验)。考察组针对当地土地利用类型，尤其是草地、湿地以及森林的类型和分布，以及相关实验条件等进行了考察，走访了当地相关单位并建立了合作关系，为综合实验的顺利进行奠定了基础。根据考察结果，初步计划于 2012 年 8 月到 9 月完成该实验区的机载 SAR 数据的获取，并同步开展地面实况数据的获取。2012 年 6 月 20 日～7 月 1 日，确定了四川若尔盖实验区综合实验方案。

2012 年 7 月 29 日～8 月 1 日，用户成员 14 人赴内蒙古大兴安岭根河市及其周边区域进行了实验区考察。根据在室内确定的初步实验方案，重点考察了依根农林交错重点实验区、大兴安岭根河生态定位站重点实验区和根河林业航空护林机场。收集了实验区的基本信息，为后续实施方案的细化奠定了基础。2012 年 8 月 10～20 日，确定了内蒙古大兴安岭综合实验方案。

10.1.1 四川若尔盖实验区

1. 实验目的

在四川省阿坝藏族羌族自治州若尔盖县，选择包括平地、丘陵和山地等地形的实验区，获取约 5000km^2 的机载双天线 X 波段 InSAR 数据和 P 波段全极化数据，并在该实验区中设置一个约 100km^2 的重点实验区，与飞行试验同步进行机载 SAR 几何定标数据的获取及地面实况数据的获取，并获取高分辨率卫星遥感数据，用于发展和验证 SAR 数据处理方法，检验所开发的 SAR 数据处理软件模块和系统的性能与处理效率，重点开展 SAR 测绘应用示范。

2. 实验区概况

若尔盖县地处青藏高原东北边缘，位于四川省西北部和阿坝州北部，面积 10600km^2，位于东经 102°08′至 103°39′、北纬 32°56′至 34°19′。气候寒冷，常年无夏，无绝对无霜期。降雨多集中于 5 月下旬～7 月中旬，年降雨量 656.8mm，年均相对湿度 69%。每年 9 月下旬土地开始冻结，5 月中旬完全解冻，冻土最深达 72cm。年平均气温 1.1℃。辖 1 镇 16 乡，1 个国有牧场，1 个省属牧场。

若尔盖县境内地形复杂，黄河与长江流域的分水岭将全县划分为两个截然不同的地理单元和自然经济区。中西部和南部为典型丘状高原，占全县总面积 69%，地势由南向北倾斜，平均海拔约 3500m，境内丘陵起伏，为该县纯牧业区。北部和东南部山地系秦岭西部迭山余脉和岷山北部尾端，境内山高谷深，地势陡峭，海拔 2400～4200m，该地区木材资源丰富，森林面积约 10 万公顷，活立木总蓄积量约 3000 万立方米，主要有冷杉、云杉等优势树种。

若尔盖县牧草地面积约 55 万公顷，占总土地面积的 52.4%，主要分布在牧区和农区的山体阳坡、半阳坡以及林区海拔 3900m 以上的高山地带。根据牧草的利用现状、生产方式、发展方向及植被差异，可分为天然草地、半人工草地和人工草地。

3. 机载 SAR 数据获取

1) 飞行区域设计

针对已确定的实验区选址原则以及我国西部地区实际情况确定了综合实验区及重点实验区具体覆盖范围(图 10.1)。图 10.1 中最外面的白色折线区域为扩展实验区，包括位于折线西北部的湿地保护区；内部白色长方形区域为综合实验区，总面积约 5000km²；再向内部的白色长方形区域为重点实验区，总面积约为 100km²。

图 10.1 四川若尔盖综合实验区示意图

2) 机载 SAR 航摄飞行技术参数

综合实验采用的飞机为奖状 II 型飞机，机载 SAR 航摄系统为中国测绘科学研究院 X 波段和 P 波段 SAR 系统，将同时获取 X 波段 HH 极化双天线 InSAR 数据和 P 波段全极化(HH、HV、VH、VV)数据。航摄飞行主要技术参数如表 10.1 所示。

表 10.1 航摄飞行主要技术参数表(东西向飞行)

飞行参数	自东向西航线	自西向东航线	合计
侧视方向	北侧视	南侧视	
面积/km²	6160	6023	12183
成图比例尺	1∶10000	1∶10000	
X-SAR 分辨率/m	0.5/1	0.5/1	

续表

飞行参数	自东向西航线	自西向东航线	合计
P-SAR 分辨率/m	1	1	
最高点高程/m	4130	4130	
基准面高程/m	3500	3500	
最低点高程/m	2960	2960	
平均面上航高/m	3000	3000	
绝对航高/m	6500	6500	
旁向重叠/%	60	60	
最高点旁向重叠/%	49.37	49.37	
最低点旁向重叠/%	66.1	66.1	
航线间隔/m	1171	1171	
航线条数/条	56	55	111
摄区航线总长度/km	5253	5159	10412
中心入射角/(°)	45	45	
允许最大偏航/m	100	100	
最大横滚角/(°)	3	3	
最大俯仰角/(°)	3	3	
最大航偏角/(°)	6	6	
预计飞行小时数/h	29.9	30.22	60.12
预计架次量	9	9	18

3) 机载 SAR 航线设计

航线敷设方案如图 10.2 和图 10.3 所示。

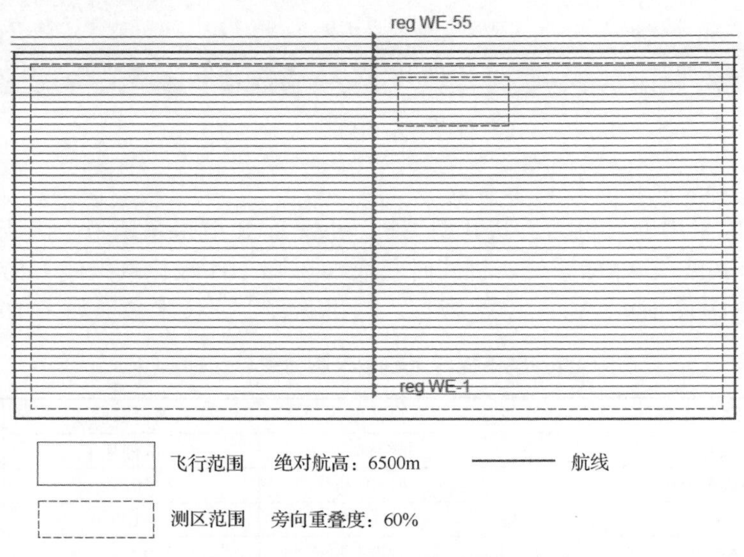

图 10.2　若尔盖测区由西向东航线示意图

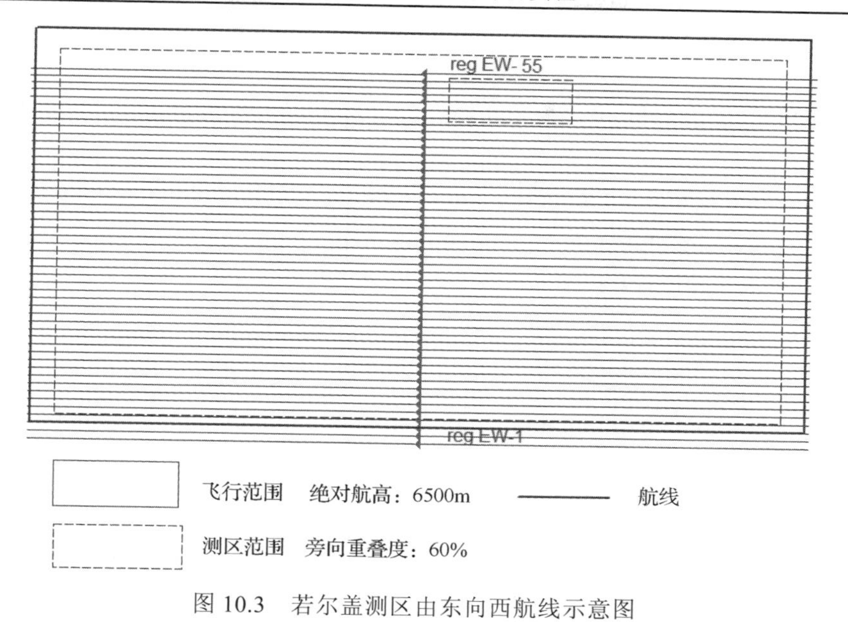

图 10.3　若尔盖测区由东向西航线示意图

4) 机载 SAR 定标场布设及测量方案

为配合 SAR 航空摄影试生产，几何定标的布标工作与航摄飞行同步进行。几何定标地面测量数据获取主要包括以下几个部分。

(1) 定标场选取：根据机载 SAR 几何定标的定标场选取原则，确定定标场位于四川省若尔盖实验区阿坝若尔盖 G213 国道两侧。

(2) 定标设备：基线定标需要大量的定标设备。定标过程最常用的定标器是无源三角形三面角反射器。由于角反射器的设计关系到定标点的判读和量测，进而影响精度，所以需要根据雷达系统技术参数设计专门的角反射器并要进行试验。本次机载雷达数据获取定标采用三面角反射器。

(3) 定标点布设：定标点布设采用沿距离向等距布设，用于标定基线等参数。

定标点布设示意图如图 10.4 所示，图中布设两排定标点，一排布设 8 个定标点(左侧)，在相距 0.5～1 个幅宽的另一排上布设 7 个定标点(右侧)作为检查点。

如图 10.4 所示中“十”字形点为定标点，定标点沿距离向摆设，间距相等，集中于幅宽范围的有效区域，因为在雷达幅宽的近距影像压缩，定标点不易辨认，在幅宽的远距，雷达波束强度减弱，也不利于定标点辨认。定标航线数据如表 10.2 所示，如图 10.5 所示为定标点的空间分布，自左向右的水平黑线为飞行方向。

(4) 定标器布设时间要求：定标器的布设应在飞行任务前完成，定标飞行任务结束后撤离。

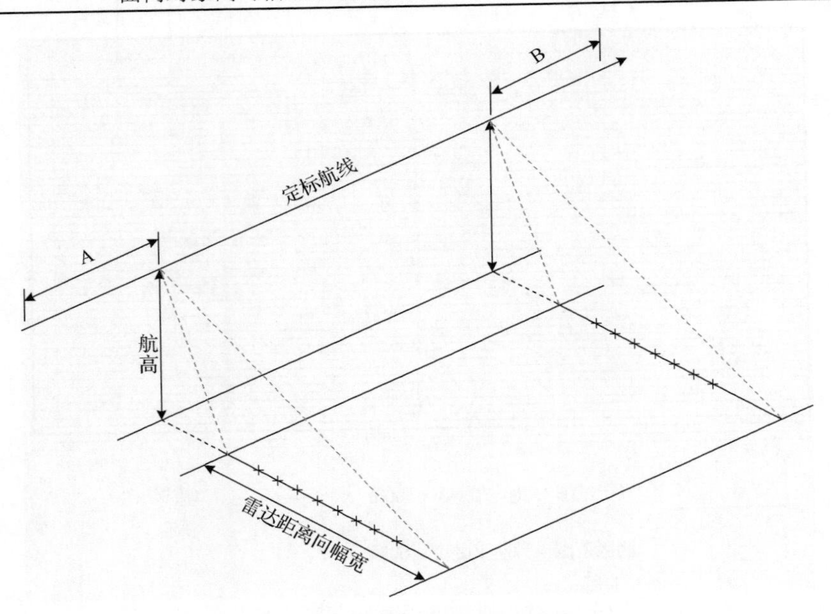

图 10.4 定标点和航线示意图

表 10.2 若尔盖定标航线数据表

	经度	纬度	相对航高/m	平均高程/m	长度/m
1	102°47'34.21"	33°48'58.43"	3000	3500	7100
2	102°52'10.97"	33°58'58.60"			

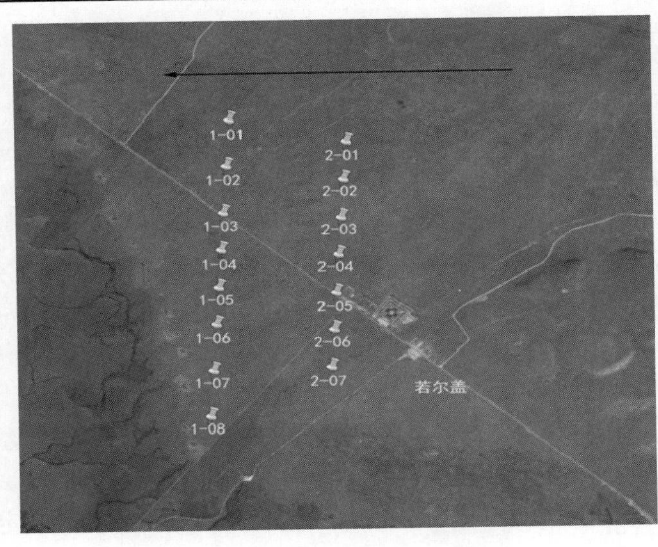

图 10.5 定标点位置示意图

(5) 定标点施测：1∶10000 测图的定标点按照施测 GPS D 级点的观测要求进行，使用双频接收机(Trimble 5700/5800)或星站差分设备进行观测，利用定标场周边的 3 个连续运行参考站作为基准进行同步测量和坐标解算。具体指标按 GB/T 18314—2001《全球定位系统(GPS)测量规范》执行。

4. 实验区 DEM 及卫星遥感数据获取

对覆盖实验区的基础地理信息数据和存档遥感数据进行查询，获取了如下存档数据。

1) DEM 数据

ASTER DEM 30m 空间分辨率产品数据，其覆盖范围为 N33.08°～N34.17°，E102.08°～E103.69°；SRTM 90m 空间分辨率 DEM 数据，其覆盖范围为 N33.08°～N34.17°，E102.08°～E103.69°。

2) ENVISAT ASAR 数据

共获取到 8 景 ENVISAT ASAR APP 存档数据，相关信息如表 10.3 所示。

表 10.3　ENVISAT ASAR APP 数据信息表

编号	数据获取时间	极化方式	成像模式	入射角/(°)
1	2005-04-21	HH/VV	APP	23
2	2005-06-30	HH/VV	APP	23
3	2005-09-08	HH/VV	APP	23
4	2005-10-13	HH/VV	APP	23
5	2005-12-22	HH/VV	APP	23
6	2006-01-26	HH/VV	APP	23
7	2005-05-07	HH/VV	APP	23
8	2005-07-16	HH/VV	APP	23

3) ALOS PALSAR 数据

购买了覆盖若尔盖实验区部分区域，2008 年 6 月、2011 年 3～4 月期间成像的 ALOS PALSAR 全极化数据 6 景，主要成像参数见表 10.4 中的前 6 行；获取了 2010 年 6～7 月间 ALOS PALSAR 双极化(HH+HV)数据 9 景，见表 10.4 中的第 7～15 行，实现了对实验区的全覆盖。

表 10.4　ALOS PALSAR 数据信息表

编号	数据获取时间	极化方式	轨道	中心入射角/(°)	中心经/纬度/(°)
1	2008-06-28	HH/HV/VH/VV	降轨	23.9839	103.4728434/33.8105851
2	2008-06-28	HH/HV/VH/VV	降轨	24.0009	103.3518605/33.3158861
3	2011-03-26	HH/HV/VH/VV	升轨	23.8726	102.3917711/33.3161197
4	2011-03-26	HH/HV/VH/VV	升轨	23.9132	102.2793046/33.8121393

续表

编号	数据获取时间	极化方式	轨道	中心入射角/(°)	中心经/纬度/(°)
5	2011-04-07	HH/HV/VH/VV	升轨	23.9382	103.4790295/33.3176325
6	2011-04-07	HH/HV/VH/VV	升轨	23.9210	103.3587844/33.8124116
7	2010-06-28	HH/HV	升轨	38.7006	103.1275573/33.1784978
8	2010-06-28	HH/HV	升轨	38.7344	103.0287971/33.6743945
9	2010-06-28	HH/HV	升轨	38.7247	102.9220329/34.1690280
10	2010-07-15	HH/HV	升轨	38.7441	102.5994570/ 33.1796352
11	2010-07-15	HH/HV	升轨	38.7345	102.4931269/ 33.6744572
12	2010-07-15	HH/HV	升轨	38.7248	102.3863769/ 34.1690921
13	2010-07-27	HH/HV	升轨	38.6991	103.6665075/33.1785006
14	2010-07-27	HH/HV	升轨	38.7329	103.5677557/33.6743960
15	2010-07-27	HH/HV	升轨	38.7231	103.4609868/34.1690886

4) 卫星遥感数据编程获取

RADARSAT-2 数据：获取 1 景 2012 年 9 月 12 日 RADARSAT-2 全极化 SAR 数据，升轨，精细模式(Fine Quad) FQ9，可用于开展相关土地覆盖类型解译和地表、植被参数反演方法的研究。该数据地面覆盖范围为 25km×25km，可覆盖重点实验区。

TerraSAR-X 数据：获取覆盖重点实验区的 2012 年 9 月 10 日和 9 月 21 日的 2 景 TerraSAR-X 单极化数据(3m×3m，VV 极化)，组成干涉像对，用于地表、植被参数反演、SAR 正射纠正、SAR 干涉测量、SAR 立体测量和 SAR 影像土地利用分类等技术的研究。

另外，还编程获取 2 个时相的 TerraSAR-X StripMap 双极化 SAR 数据(3m×3m，HH+VV 极化)，2012 年 10 月 1 日和 10 月 12 日各 1 景，可形成干涉影像对。

高分辨率光学遥感数据：获取覆盖综合实验区的高空间分辨率卫星数据，如 SPOT5、资源 3 号卫星影像，用于整个实验区高分辨率 SAR 解译结果的验证参考。

5. 地面实况数据调查

实验期间，地面调查人员将配合星载 SAR 过境，结合任务需求，分别进行同步、准同步气象数据、土地覆盖类型、森林类型和农田土壤水分等参数的野外调查采集工作。

1) 自动气象站架设及气象数据获取

在该实验区架设 6 参数(WPH1-PH-6)移动气象站。数据记录时间间隔为 30min，可实现对重点实验区气象因子长期观测，为后续研究提供气象观测数据的支持。

2) 土地覆盖类型调查

此实验区主要土地覆盖类型为森林和草地，森林大多分布在坡度较陡的山地，草地大多分布在平地及坡度较缓的丘陵之上，另外还有其他分布极少的地类，如灌丛、裸地、湿地、建筑等。于 2012 年 9 月下旬调查 40～50 个地类调查点，调查时采用型号为 Juno SB PDA 式手持 GPS 记录调查点的 GPS 坐标位置和属性信息，并对调查点周围土地覆盖类型拍照。将土地覆盖类型调查数据录入计算机，形成若尔盖实验区典型土地覆盖类型数据库。

3) 土壤、植被参数测量

2012 年 9 月下旬，对整个 RADARSAT-2 覆盖区进行基本的踏勘选点，尽量做到均匀分布，地势平坦，具有代表性，RADARSAT-2 过境时，开展同步地面实验，测量数据包括土壤参数的测量(土壤粗糙度、土壤水分)和植被参数的测量(高度、生物量和含水量)，每个实验点随机选取一个 30cm×30cm 的样方进行植被生物量测量并取样。除此之外，对土壤粗糙度测量两次(东—西方向、南—北方向)，并取土样，测量土壤组分和含水量。

6. 任务与分工

该实验区遥感综合实验的主要任务包括：航摄相关手续的办理、航线的优化调整、航摄计划的执行、机载 SAR 几何定标数据外业测量、机载 SAR 数据的处理、卫星数据的获取与处理、基础地理数据的获取和整理、地面实况数据的外业获取等。实施方案明确了每项任务的负责单位和参加单位。

7. 时间安排

2012 年 6～7 月：航摄相关手续的办理，飞行方案的优化，实验仪器设备的准备和现场布设。

2012 年 8～9 月：完成机载 SAR 数据的获取，并同步开展卫星遥感数据的获取、气象数据的获取、机载 SAR 几何定标地面测量数据的获取和地表类型及地表参数实况数据的获取。

2012 年 10～12 月：完成所获取数据的处理和整理，形成数据库。

10.1.2　内蒙古大兴安岭实验区

1. 实验目的

在内蒙古大兴安岭林区(根河市及其周边区域)，选择包括平地、丘陵等地形的实验区(包含完整的行政单元)，获取约 5000 km^2 的机载双天线 X 波段 InSAR 数据和 P 波段全极化数据，并在该实验区中设置两个重点实验区，分别代表地形较为平坦的农林交错实验区、地形比较复杂(丘陵)的典型森林实验区。重点实验区总面积不小于 100km^2。

对农林交错重点实验区进行机载 SAR 重复飞行观测，共重复获取机载 SAR 数据 7 轨。对两个重点实验区，获取机载 LiDAR 和 CCD(Charge Coupled Device)数据。与机载 SAR 飞行试验同步进行机载 SAR 几何定标数据的获取；对重点实验区，获取高分辨率卫星 SAR 遥感数据，开展星载 SAR 辐射和几何定标精度检验实验。与机载和星载 SAR 数据获取同步或准同步通过外业调查获取地面实况数据。该实验所获取的星—机—地多源数据将用于所发展方法、模型、软件模块和系统的验证，重点开展植被覆盖监测应用示范。

2. 实验区概况

该综合实验区主要位于根河市所辖区域。根河市位于呼伦贝尔市的北部，是内蒙古最北部的旗市之一，地处呼伦贝尔市东北部，大兴安岭北段西坡，它东以鄂伦春自治旗为邻，西与额尔古纳市接壤，南连牙克石市，北接黑龙江省漠河县、塔河县。全市总面积约 20000km^2，平均海拔在 1000m 以上。自然地理特点是高纬度、高寒冷地区，覆盖范围为 E120°12'～E122°55'，N50°20'～N52°30'。

森林资源是根河市的主体资源，森林覆盖率 75%，居内蒙古之首，属典型的国有林区。植被分为森林植被和草原植被，并以森林植被为主。主要树种为兴安落叶松、白桦、樟子松，其次为杨、柳等。

内蒙古大兴安岭实验区包含两个重点实验区，一个为依根农林交错实验区，另一个为根河森林生态站实验区。以这两个重点实验区为核心，向外扩展，形成整个综合实验区的覆盖范围。在这两个区域中，选取了部分区域获取了包括机载 LiDAR、CCD 和 SAR 多源数据的试验区，该区域称为“依根机载 SAR 重点飞行区”。

3. 机载 SAR 数据获取

本实验机载 SAR 数据获取方案按照 1∶250000 地形图测图要求进行设计。实验采用的飞机为桨状 II 型飞机，航摄系统为中国测绘科学研究院 X 波段和 P 波段 SAR 系统，同时获取 X 波段 HH 极化双天线 InSAR 数据和 P 波段全极化(HH，HV，VH，VV)数据。

1)机载 SAR 总航摄区飞行设计

SAR 航摄飞行技术参数设计结果如表 10.5 所示。

SAR 航线设计示意图如图 10.6 所示。

2)依根机载 SAR 重点飞行区飞行设计

在该重点飞行区，飞机将沿着同样的轨道(自西向东)重复飞行 7 次，获取 7 轨 X 波段双天线 InSAR 和 P 波段极化 SAR 数据。航摄飞行技术参数(西东向飞行)如表 10.6 所示。

表 10.5　内蒙古大兴安岭机载 SAR 总航摄区飞行技术参数设计表

飞行参数	自东向西航线	自西向东航线	合计
侧视方向	北侧视	南侧视	
成图比例尺	1∶25000	1∶25000	
X-SAR 分辨率/m	0.5/1	0.5/1	
P-SAR 分辨率/m	1	1	
最高点高程/m	1200	1200	
基准面高程/m	810	810	
最低点高程/m	590	590	
平均面上航高/m	5000	5000	
绝对航高/m	5810	5810	
旁向重叠/%	20	20	
最高点旁向重叠/%	13.23	13.23	
最低点旁向重叠/%	23.37	23.37	
航线间隔/m	3900	3900	
航线条数/条	17	15	32
摄区航线总长度/km	1265.55	635.38	
中心入射角/(°)	45	45	
允许最大偏航/m	100	100	
最大横滚角/(°)	3	3	
最大俯仰角/(°)	3	3	
最大航偏角/(°)	6	6	
预计飞行小时数/h	5.8	2.5	8.3
预计架次量	3	1	4

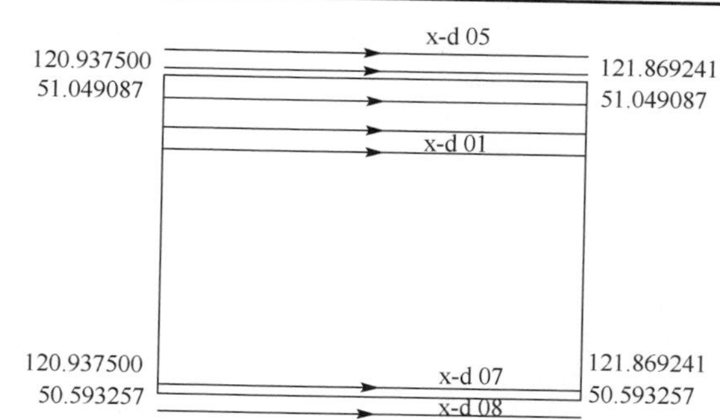

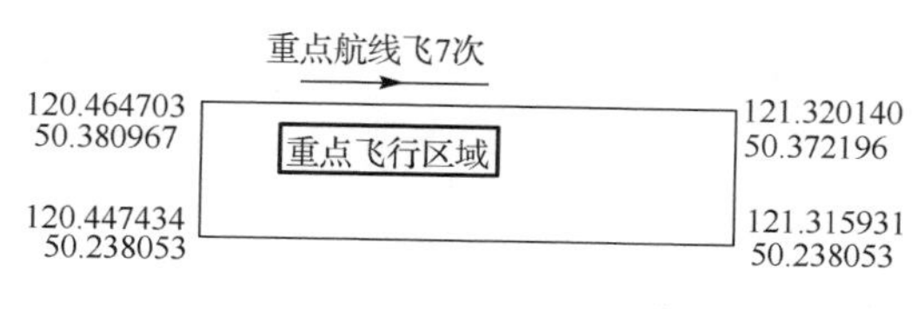

(a) 自西向东航线

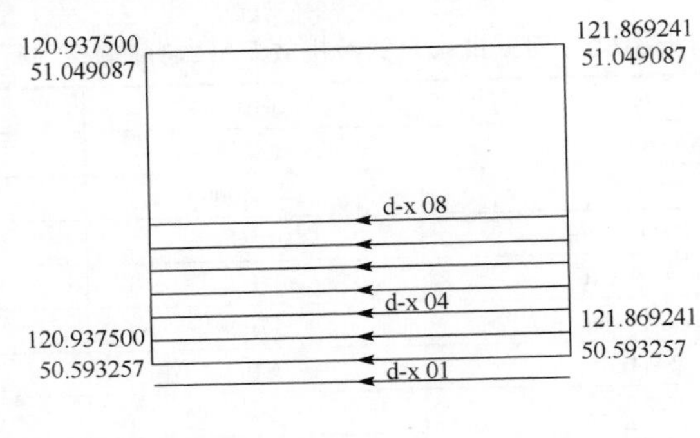

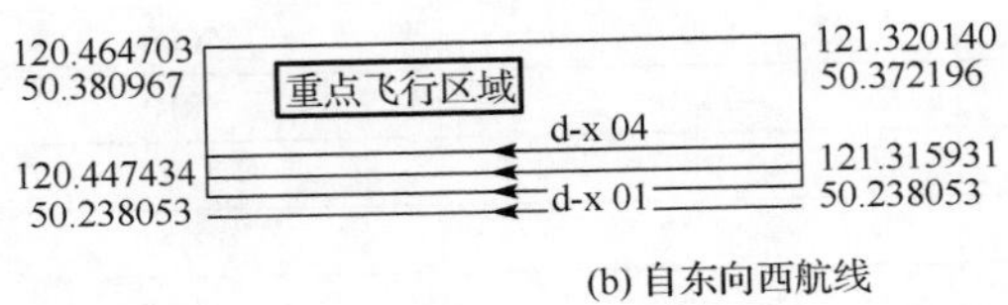

(b) 自东向西航线

图 10.6　内蒙古大兴安岭机载 SAR 总航摄测区航线示意图

表 10.6　依根机载 SAR 重点航摄区飞行技术参数设计表(西东向飞行)

飞行参数	自东向西航线	自西向东航线	合计
侧视方向	北侧视	南侧视	
面积/km^2	6160	6023	12183
面积/km^2		1891.4	1891.4
成图比例尺		1: 10000	
X-SAR 分辨率/m		0.5/1	
P-SAR 分辨率/m		1	
最高点高程/m		810	
基准面高程/m		670	
最低点高程/m		600	
平均面上航高/m		5000	
绝对航高/m		5670	
旁向重叠/%			
最高点旁向重叠/%			
最低点旁向重叠/%			
航线间隔/m			
航线条数/条		7	7
摄区航线总长度/km		412.65	
中心入射角/(°)		45	
允许最大偏航/m		100	
最大横滚角/(°)		3	
最大俯仰角/(°)		3	
最大航偏角/(°)		6	
预计飞行小时数/h		2	2

航线设计示意图如图 10.7 所示。

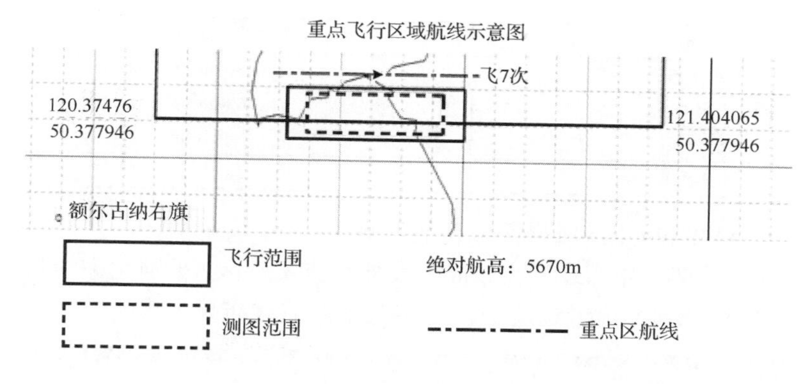

图 10.7　航线示意图

3）机载 SAR 定标场布设及测量方案

几何定标的布标工作与航摄飞行同步进行。几何定标地面测量数据获取主要包括定标场选取、定标设备准备、定标点布设方案设计、定标器布设时间安排、定标点施测等，相关方法和四川若尔盖实验区相同，这里不再重复。

定标航线数据如表 10.7 所示。

表 10.7　大兴安岭定标航线数据表

	经度	纬度	相对航高/m	平均高程/m	长度/m
1	120°31'24.88"	50°26'38.15"	5000	900	6800
2	120°37'9.21"	50°26'37.07"			

4. 机载激光雷达数据获取

1）飞机及机载 LiDAR 和 CCD 航摄系统成像参数

飞机拟采用运 5 飞机，需要飞机具备标准航空摄影窗口。拟采用的激光雷达系统为 Leica ALS60，配有 Leica WDM65 全波形记录仪；另有 CCD 相机，型号为 Leica RCD105。LiDAR 和 CCD 系统主要成像参数如表 10.8 和表 10.9 所示。设计 LiDAR 平均点云密度为 2～4 点/m^2。

表 10.8　LiDAR 系统主要成像参数

参数	取值	参数	取值
波长	1550nm	激光束发散	0.3 mrad
激光脉冲长度	3ns	扫描角	±30°
最大激光脉冲	400kHz	最大扫描速度	200 lines/s
波形	sampling 1ns	垂直精度	0.15 m

表 10.9　CCD 相机主要成像参数

参数	取值
成像传感器大小	43.30mm×53.78mm
像元大小	6.8μm×6.8μm
辐射分辨率	16bits
成像焦距长度	50mm

2) 机载 LiDAR 和 CCD 航摄区域及航线规划

航摄区域包括两个重点实验区：依根农林交错实验区、根河生态定位站实验区。图 10.8 和图 10.9 分别给出了这两个重点实验区的航线布设方案。

图 10.8　依根农林交错重点实验区航线布设方案

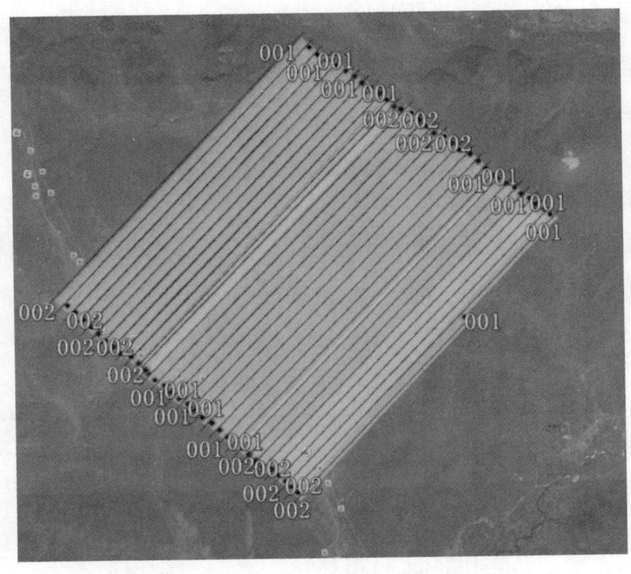

图 10.9　根河森林生态定位站重点实验区航线布设方案

约需飞行2个架次，每个重点飞行区各1个架次；飞行高度为1000～3000m；飞行气象条件要求无云、无雨。飞机飞行时的速度应低于200km/h。

3）配合航摄的地面控制点观测

采用差分GPS和全站仪对地面控制点和检查点进行定位观测。在航摄期间，两个重点实验区各需要在一个高精度测绘基准点上架设差分GPS基站，获取差分GPS基准站数据，用于后续SAR数据处理。航摄期间，将获取用于几何定标的LiDAR和CCD数据，地面控制网测量人员将根据所获取的几何定标用CCD影像，选择典型地物点，利用差分GPS流动站对其进行高精度定位测量。

4）航摄时间

计划在2012年8～9月进行。9月下旬，实验区树木开始落叶。在树木落叶期获取的激光雷达数据不利于森林参数的定量估测。

5. 星载SAR遥感数据的编程获取

编程获取依根农林交错重点实验区的7个时相的RADARSAT-2全极化精细模式SLC数据，2012年9月1日1次，2012年9月8日1次；2013年，自5月份开始，每24日编程获取1景数据，时间分别为5月23日、6月16日、7月10日、8月3日和8月37日。这7景RADARSAT-2全极化数据（C波段）成像模式都为FQ18，入射角全为37.56°，都为升轨数据。这7景RADARSAT-2影像都覆盖相同的区域，预期覆盖范围如图10.10黑色倾斜正方形所示，全面覆盖依根农林交错重点实验区，包含地物类型丰富，结合地面同步调查数据可开展相关土地覆盖类型解译，地表、植被参数反演研究。图10.10中灰色长方形为依根农林交错重点实验区的覆盖范围。

图10.10　拟编程获取的星载SAR数据覆盖依根农林交错实验区示意图

同时，计划获取覆盖依根农林交错重点实验区的TerraSAR-X SPOTLight模式

SLC 数据(3m×3m，HH+VV 极化)1 景，编程获取时间为 2012 年 9 月 5 日。该数据的覆盖范围如图 10.10 中白色正方形所示。

6. 星载 SAR 数据定标验证实验

SAR 定标验证外场实验实施的目的是获取与星载 SAR 数据同步的定标器外场数据，以用于传感器定标参数的解算和验证。针对几何和辐射定标验证任务来说，外场实验的核心目标是获取两项重要数据：①角反射器的精确几何位置坐标；②角反射器实际的雷达散射截面积(Radar Cross Section，RCS)。

围绕上述核心目标，将 SAR 定标验证外场实验分解为三个关键环节：①角反射器的设计和制作，以获得准确的角反射器理论 RCS 值；②角反射器外场布设，进而通过 GPS 测量获得角反射器的精确几何位置坐标；③构建角反射器与 SAR 传感器之间的精准空间几何关系，以获得准确的角反射器实际 RCS 值等。

在上述工作基础上，以在保证精度的前提下尽可能地提高外场实验的工作效率为原则，最终确定了如图 10.11 所示的星载 SAR 定标验证外场实验流程。

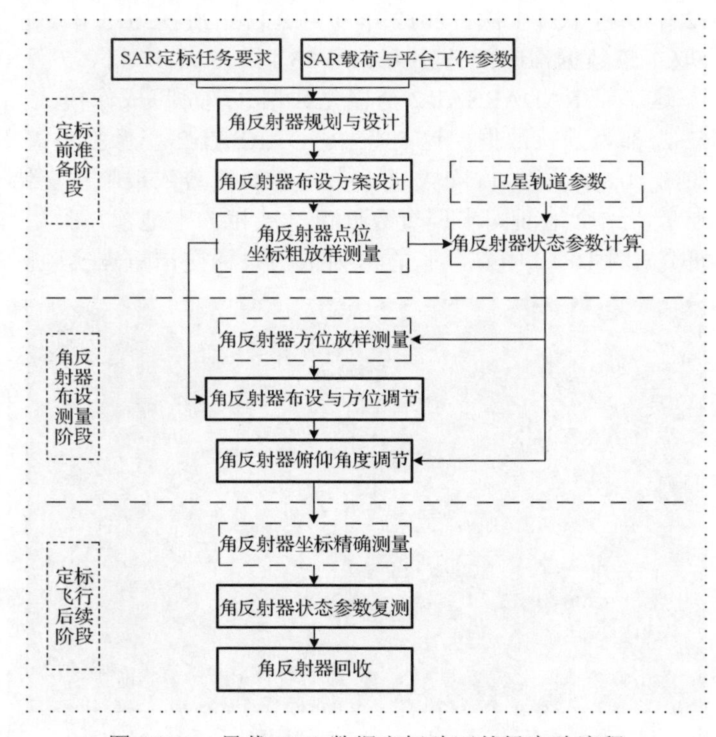

图 10.11　星载 SAR 数据定标验证外场实验流程

将整个外场实验分为三个阶段：定标前准备阶段、角反射器布设测量阶段和定标飞行后续阶段，其中角反射器布设测量阶段外业工作量很大。为此需要优化实施流程，尽可能精简角反射器布设测量阶段的工作任务，提高作业效率，确保实施精度和实验进度。

7. 存档星载遥感数据获取

已经获取了覆盖大兴安岭综合实验区的 ENVISAT ASAR、ALOS PALSAR、Landsat-5、环境星等卫星遥感数据，具体情况如下。

(1) ENVISAT ASAR 数据。获取到 6 景 ENVISAT ASAR APP 存档数据，全部为 HH/HV 双极化数据，成像时间为 2004 年 9 月～2005 年 3 月，实现了实验区的全覆盖。

(2) ALOS PALSAR 数据。获取了覆盖根河森林生态定位站重点实验区的 2 景 2011 年成像 ALOS PALSAR 全极化数据、6 景 2010 年成像覆盖整个实验区的 ALOS PALSAR 双极化数据，具体如表 10.10 所示。

表 10.10　ALOS PALSAR 数据成像参数

极化方式	获取时间	入射角/(°)
HH/HV/VH/VV	2011.04.12	23.799
HH/HV/VH/VV	2011.04.12	23.778
HH/HV	2010.08.23	38.672
HH/HV	2010.08.23	38.659
HH/HV	2010.09.04	38.684
HH/HV	2010.09.04	38.672
HH/HV	2010.09.21	38.687
HH/HV	2010.09.21	38.718

(3) 光学遥感数据。获取了 13 景 Landsat-5 数据和 4 景环境星数据。

8. 气象数据获取

对于依根农林交错重点实验区，在依根生产队场部院内架设了 6 参数自动气象站。该气象站型号为 WPH1 系列的 WPH1-PH-6，即 6 要素气象采集系统，是一种集气象数据采集、存储、传输和管理于一体的无人值守的气象采集系统。该站可自动采集气温、相对湿度、雨量、风速、风向、气压这 6 个气象要素，可实时显示、自动记录数据。数据记录间隔为 10min。对于根河生态定位站实验区，直接采用生态定位站的气象观测数据，不需要另行架设自动气象站。

9. 地面实况数据调查

1) 森林样带调查

为反映森林参数在水平空间上的连续变化特征，在农林交错重点实验区内靠近中部的林地内设置一条样带。样带的布设考虑了调查林分的可及性、坡度及林分的代表性等因素。布设时利用罗盘仪确定样带走向，对样带内每株林木挂牌编号。将样带划分为等面积的样地，对每个样地的中心点进行定桩和喷漆标记，以利于长期观测或补测数据。以样地为单位进行林木、林分因子的测量。

2) 地表覆盖类型调查

在样带调查同时，对于重点实验区内的地物类别进行调查。由于综合实验期间，重点实验区正处于作物收割期，为确保针对卫星过境时遥感数据进行准确的地物解译，采取了同步观测手段。主要调查耕地的实时作物状况及森林、水体、居民地等土地覆盖类型的调查。

3) 农田作物及土壤水分参数调查

SAR 卫星过境时，进行同步的农田作物参数与土壤水分参数调查。调查范围为 SAR 影像覆盖区域。

(1) 实验实施安排。土壤测量采样点的位置应在 SAR 影像覆盖区域内，并考虑采样点的可及性及地形坡度的影响。采样点应覆盖所有的作物类型。考虑测量时间有限，分两组进行。

(2) 土壤参数测量方法。土壤湿度采用 TDR300 测量，每组各一台。测量时每个田块一般测量 3 个采样点，每个采样点测量 10 次取平均值。在每个采样点采用环刀法测量土壤重量含水量及体积含水量，同时用于 TDR 数据的校验。

用粗糙度板对每个田块进行土壤粗糙度测量，沿“米”字方向共测量 4 次，即将粗糙度板置于与垄垂直的方向，然后旋转 45°，各测量 2 次。

(3) 农田作物参数测量。分别选择小麦、大麦和油菜农田地块进行调查，内容包括：地理位置、叶面积指数、株高、叶片长宽、密度、鲜重、干重、土壤体积含水量、垄距及照片。对收割的地块，应记录茬高。

4) 森林样地调查

分别在农林交错重点实验区、根河生态定位站重点实验区进行了标准样地抽样调查，以获取森林结构参数的地面验证数据。外业调查时间集中在 8 月份进行。

(1) 依根农林交错重点实验区。于 2012 年 8 月对研究区进行野外地面调查。考虑实验区林地的森林类型分布及生长状况，依据森林调查的统计原理，在研究区布设 39 个水平投影面积为 $314m^2$ 的圆形样地。外业调查前，先在室内选择有代表性的林分作为临时样地备选点。然后组织外业踏查，对备选点的林分实际状况进行考察。以踏查结果为依据，调整优化临时样地设置方案，确定最终的应调查的林分。实地调查时，在拟调查林分内选择一点作为临时样地中心点，用皮尺确定半径在 10m 之内的所有林木，对每株林木标号，用天宝 GeoXT6000 GPS 定位仪对样方内的所有单木进行定位。野外测量的样地单木参数包括胸径、树高、冠幅、树种、郁闭度等。使用围尺测量胸径，用超声波测高仪 (Vertex IV) 测量树高。

(2)根河生态定位站重点实验区。采用两种样地进行调查，一种是半径为15m的圆形样地，另一种是大小为30m×30m的方形样地。

圆形样地调查：目标是为基于机载激光、SAR数据等进行地面生物量和其他植被参数反演的研究提供数据。样地分布在内蒙古自治区呼伦贝尔地区根河市、莫尔道嘎、阿龙山等地区。样地要覆盖全部植被类型(针叶林、阔叶林、混交林、灌木等)且具有不同的植被覆盖度和生物量等级。样地数不少于80块。对每块样地进行每木检尺调查，起测胸径为5cm，逐一测定林木的树种、胸径和树高等测树因子。单株木的胸径使用围尺进行测量，树高使用激光测高仪进行测量。样地中心位置使用差分GPS(DGPS)进行定位，定位精度优于1m。在样地内选取3～5棵标准木，使用生长锥获取树木年龄。利用HemiView测量样地森林郁闭度、植被覆盖度，利用LAI 2000测量LAI；对土地覆盖情况、林分健康状况等做文字描述并拍照。地面调查使用到的仪器设备主要包括天宝手持GPS、天宝GPS基站、LAI-2000、HemiView、生长锥、激光测高器、皮尺、胸径尺和测绳等。

方形样地调查：在根河生态定位站重点实验区及其周边调查30m×30m的样方至少为30个。样地调查数据应从森林类型、地形地貌、空间分布等方面做到较为全面的覆盖，将为研究基于SAR的森林树高、生物量估测等提供数据支持。在每个样方内调查LAI、郁闭度、坡度坡向、林下灌草、所有胸径大于5cm单木的胸径、树高、枝下高和冠幅等。

10. 任务与分工

该实验区遥感综合实验的主要任务包括：激光雷达、机载SAR航摄相关手续办理及航线的优化调整、激光雷达航摄、机载SAR航摄、机载SAR几何定标外业测量、机载SAR数据的处理、卫星遥感数据的获取、卫星SAR数据辐射及几何定标外业测量、卫星遥感数据的处理、基础地理数据的获取和整理、地面实况数据的外业获取等。实施方案明确了每项任务的负责单位和参加单位。

11. 时间安排

2012年7月：实验仪器设备、外业调查表格、遥感底图等的准备；
2012年8月10日：将仪器设备统一托运到实验区；
2012年8月11～12日：实验人员到达实验区，做好实验准备；
2012年8月13～20日：开展预备实验；
2012年8月15～8月20日：机载激光雷达和CCD飞行同步实验；
2012年8月21日～9月10日：机载SAR飞行同步实验；
2012年10月～2013年6月：数据的处理、整理和建库。

10.2　SAR 遥感综合实验星—机—地数据获取及处理

10.2.1　四川若尔盖实验区

2012～2013 年，在该实验区开展了两次机载 SAR 飞行实验，并与飞行实验同步或近同步获取了机载 SAR 定标场数据和卫星遥感数据，开展了地面实况数据调查；对所获取的遥感数据进行了处理，对所获取的地面观测数据进行了计算、整理和初步分析。

1. 机载 SAR 数据的获取和处理

2012 年 10 月到 11 月，完成了实验区约 1540km^2 双侧视方向(东西飞行和西东飞行)，共计 34 条航线的飞行实验，获取了机载 X 波段双天线 InSAR 和 P 波段极化 SAR 系统数据，实现了四川若尔盖重点实验区域的全覆盖。

2013 年 7 月到 9 月，采用双侧视方向(东西飞行和西东飞行)航摄，共飞行 60 余条航线，13 个架次，获取了机载 X 波段双天线 InSAR 和 P 波段全极化 SAR 系统数据，覆盖面积约 4213.8km^2。

对所获取的机载 SAR 数据进行了处理。由 X 波段 InSAR 处理得到了重点实验区的 DEM 产品数据，具体处理流程如图 10.12 所示。图 10.13 和图 10.14 所示为覆盖重点实验区的 DEM 数据。由 P 波段全极化数据处理得到了实验区的 DOM，处理流程如图 10.15 和图 10.16 所示。图 10.17 所示为覆盖整个实验区的 P 波段 DOM 镶嵌图。

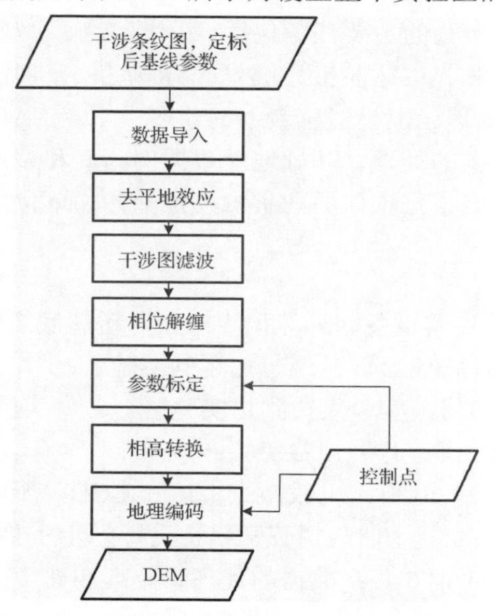

图 10.12　机载 X 波段 InSAR 数据提取 DEM 流程图

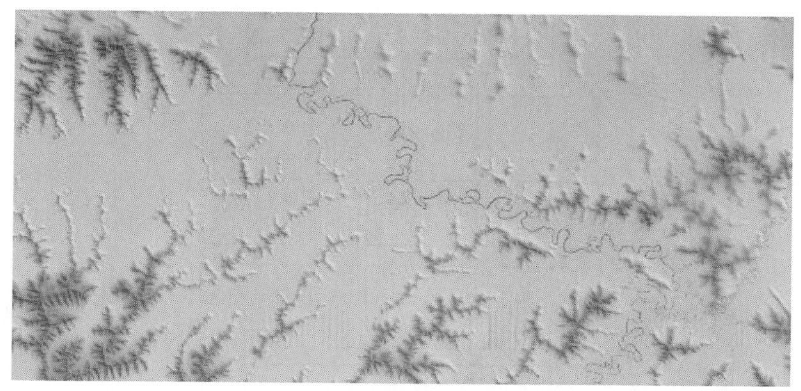

图 10.13　机载 X 波段 InSAR 数据提取的 DEM(平地)

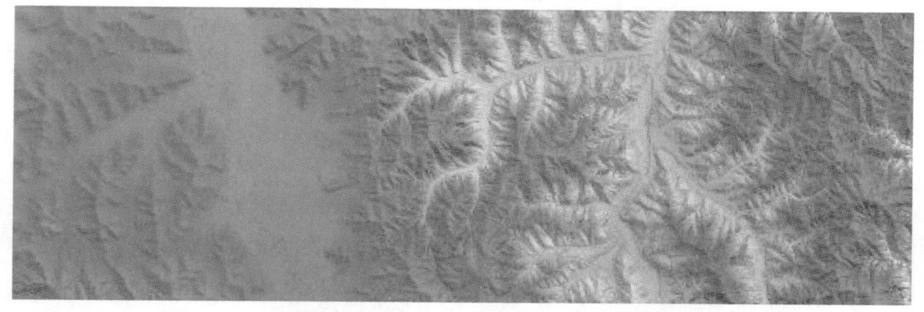

图 10.14　机载 X 波段 InSAR 数据提取的 DEM(山地)

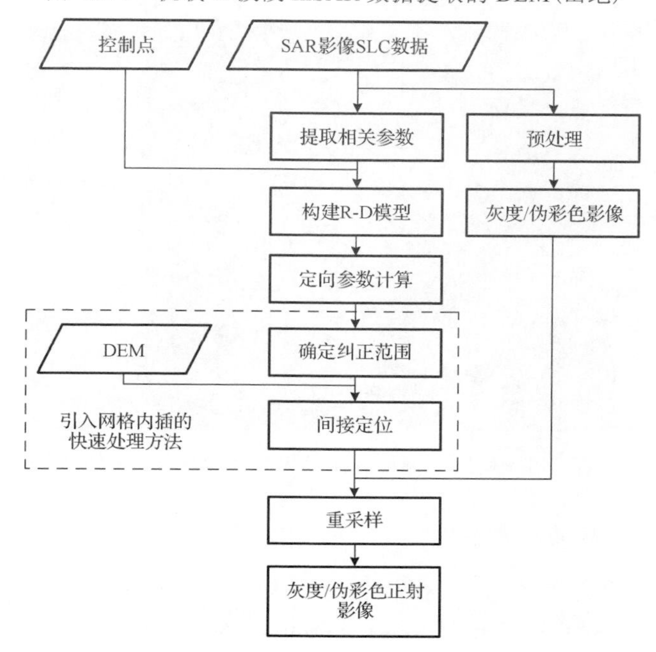

图 10.15　机载 P 波段 SAR 数据快速正射纠正处理流程图

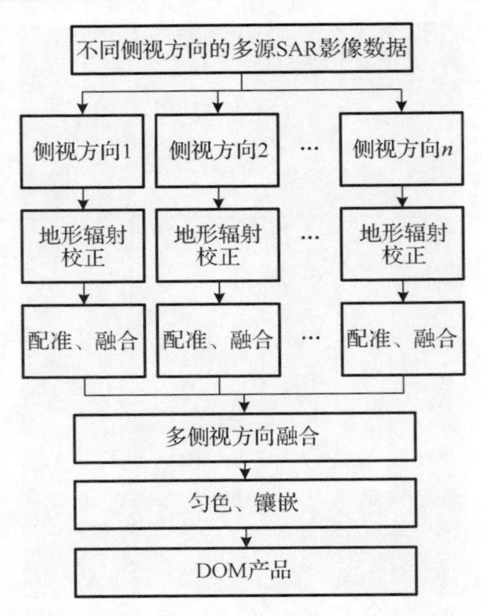

图 10.16　多侧视方向机载 P 波段 SAR 影像融合处理流程图

图 10.17　若尔盖实验区多侧视方向机载 P 波段极化 SAR 影像 DOM 图

2. 星载遥感数据的获取和处理

按照综合实验方案获取了存档的覆盖实验区的 ENVISAT ASAR、ALOS PALSAR、RADARSAT-2、TerraSAR-X、Landsat-5、环境星等卫星遥感数据。

对星载 SAR 数据进行了预处理，包括辐射定标、多视化处理、滤波处理、正射校正、地形辐射校正等，最终生成了正射校正产品。如图 10.18 所示是覆盖整个若尔盖实验区的 2 景 ENVISAT 双极化(HH+HV)数据的正射校正镶嵌影像图。

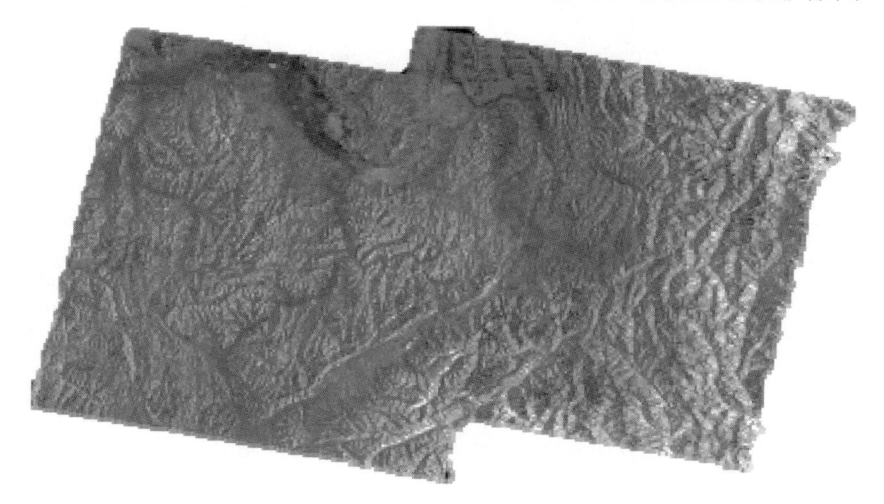

图 10.18　若尔盖实验区 ENVISAT ASAR 双极化数据的强度影像镶嵌图

图 10.19 所示为两景 ALOS PALSAR 全极化数据的强度影像镶嵌图；如图 10.20 所示为 6 景 ALOS PALSAR 双极化(HH+HV)数据的强度影像镶嵌图。

图 10.19　若尔盖实验区 ALOS PALSAR 全极化数据的强度影像镶嵌图

图 10.20　若尔盖实验区 ALOS PALSAR 双极化数据的强度影像镶嵌图

对编程获取的 1 景全极化 RADARSAT-2 SAR 数据进行了定量化处理，如图 10.21 所示为其正射影像的 Pauli-RGB 显示结果。

图 10.21　若尔盖实验区 RADARSAT-2 正射校正数据

对获取的 4 景 TerraSAR-X StripMap(SM)单极化数据(3m×3m，VV 极化数据)进行了干涉处理，主要包括主辅影像配准、基线初算、干涉图生成、干涉图滤波、平地相位去除、相位解缠、基线精确结算、相高转换、正射校正等处理，最终得到了覆盖该实验区的 DEM，如图 10.22 所示。

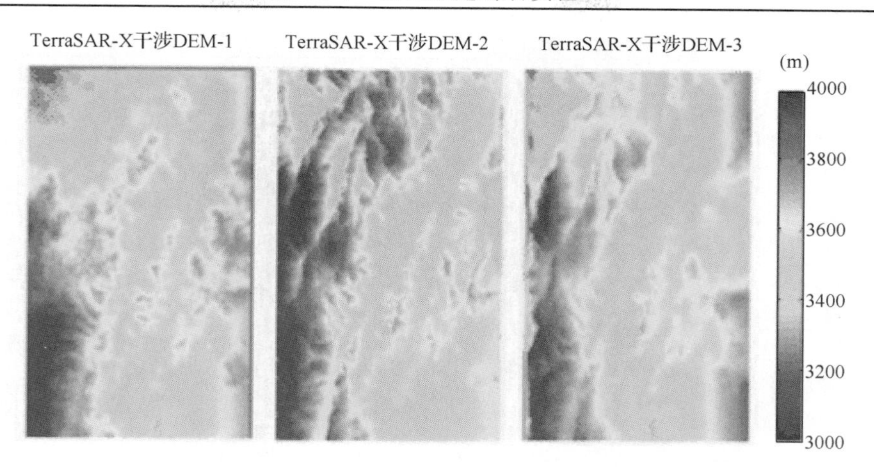

图 10.22　若尔盖实验区 TerraSAR-X DEM 提取结果(见彩图)

获取 2006～2010 年 6 景 Landsat-TM(Level 1T)产品、2012 年 8～9 月多景环境星(HJ)数据，包括 CCD 影像(HJ1B-839165、839181；HJ1A-840799)、IRS 影像(HJ1B-846729、823288)。

2012 年 12 月 24 日编程获取了覆盖实验区的 2.5m 全色和 10m 多光谱 SPOT-5 数据。对其进行了大气校正、辐射校正以及正射校正处理，全色与多光谱的正射校正结果如图 10.23 和图 10.24 所示。

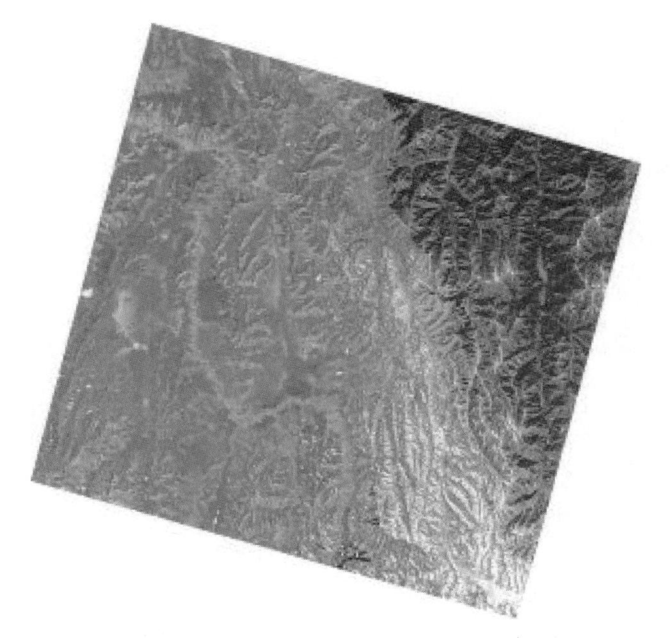

图 10.23　若尔盖实验区 2.5m 全色 SPOT-5 正射校正结果

图 10.24　若尔盖实验区 10m 多光谱 SPOT-5 正射校正结果

3. 地面实况数据获取

2012 年 9 月 11～24 日，地面调查人员分别与星载 SAR 和机载 SAR 实验同步/准同步开展了土地覆盖类型、土壤和植被参数等的外业调查工作。

1）自动气象站架设及气象数据获取

于 2012 年 8 月下旬，在该实验区巴西林业看护站内架设了 6 参数（WPH1-PH-6）移动气象站，数据记录时间间隔为 30min。

2）土地覆盖类型调查

2012 年 9 月 15～24 日开展了实验区土地覆盖类型外业调查，共采集了 41 个调查点的数据，所获得的土地覆盖类型调查数据经内业整理后形成了若尔盖实验区典型土地覆盖类型地面调查数据库。

3）土壤与植被参数调查

2012 年 9 月 11～13 日对整个 RADARSAT-2 测区进行了基本的踏勘选点，最终选取了 25 个点作为同步观测实验点。RADARSAT-2 过境时，开展了同步地面实验，测量获取的数据主要包括土壤粗糙度、土壤水分含量、植被高度、植被含水量和植被生物量。调查数据经内业整理后形成了若尔盖实验区典型土壤及植被参数地面调查数据库。

10.2.2　内蒙古大兴安岭实验区

1. 机载 LiDAR 和 CCD 航摄数据获取及处理

2012 年 8～9 月，开展了机载 LiDAR 遥感综合实验，获取了覆盖内蒙古大兴安岭实验区两个重点实验区的机载 LiDAR 及 CCD 数据，覆盖面积约 360 km^2。对所获取的激光雷达和 CCD 数据进行了处理，获得了覆盖两个重点实验区的 DEM、DSM（Digital Surface Model）、CHM 和 CCD 正射镶嵌影像。如图 10.25 所示为依根农林交错重点实验区的 DSM、DEM、CHM 和 CCD 镶嵌影像产品，如图 10.26 所示为根河森林生态定位站的 DSM、DEM、CHM 和 CCD 镶嵌影像产品。

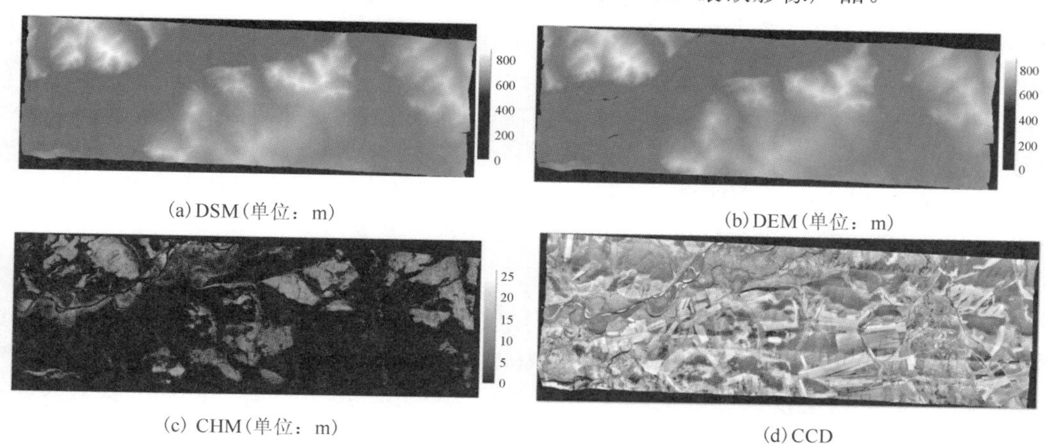

(a) DSM(单位：m)　(b) DEM(单位：m)

(c) CHM(单位：m)　(d) CCD

图 10.25　依根农林交错重点实验区 LiDAR 和 CCD 产品

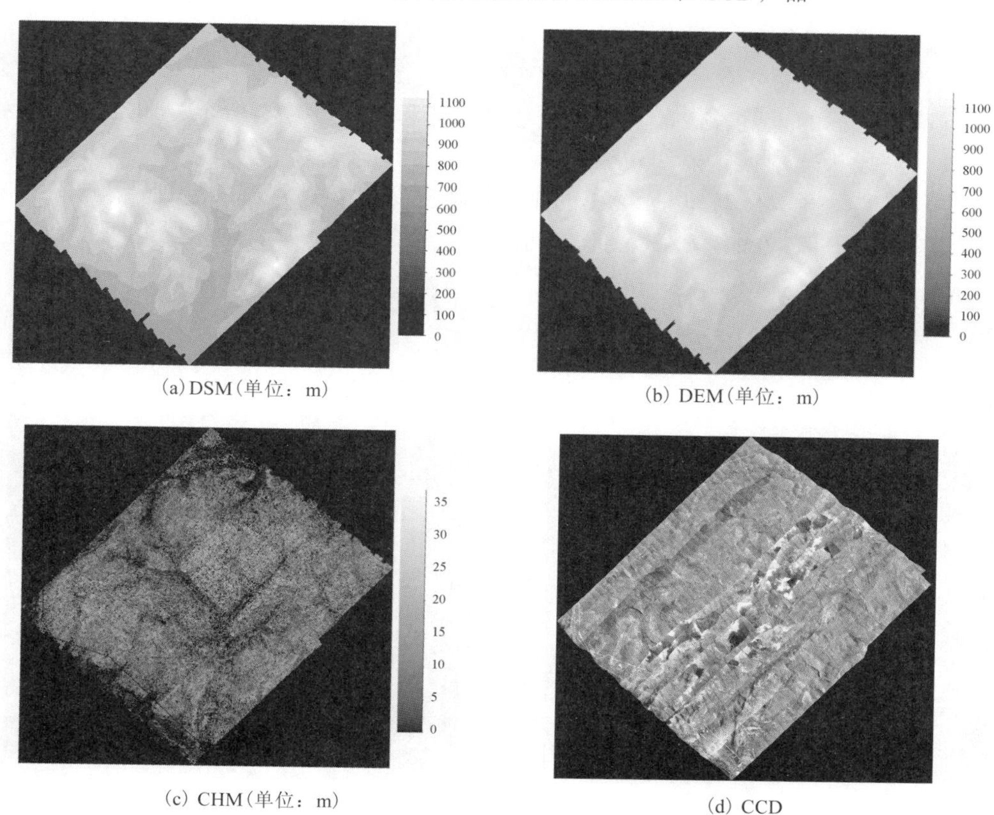

(a) DSM(单位：m)　(b) DEM(单位：m)

(c) CHM(单位：m)　(d) CCD

图 10.26　根河森林生态站 LiDAR 和 CCD 产品

2. 机载 SAR 航摄数据获取及处理

2013 年 9 月，开展了机载 SAR 遥感综合实验，飞行了 4 个架次，32 条航线，获取的机载 X 波段双天线 InSAR 数据和 P 波段全极化 SAR 数据覆盖面积约 4652.72km^2，实现了对综合实验区的全覆盖。另外，还在依根农林交错重点实验区的北部采用重复飞行方式，获取了 7 轨 X 波段双天线 InSAR 数据和 P 波段极化 SAR 数据。

对所获取的机载 P 波段 PolSAR 进行了快速正射纠正处理。对所获取的机载 X 波段 InSAR 数据进行了干涉 SAR 处理和 DEM 提取。

1) 机载 SAR 快速正射纠正处理

在 SAR 影像正射纠正之前，首先利用单极化、多极化 SAR 单视斜距复数数据，进行灰度转换、极化目标分解彩色合成 RGB 影像及相干斑噪声滤波等预处理；然后，从 SAR 参数头文件中提取相关参数，结合地面稀少控制点，建立距离-多普勒(R-D) 模型，进行定向参数的计算；接着，确定纠正后影像的范围，结合高精度 DEM，利用间接定位方法和定向参数，实现 SAR 影像的高精度定位，且在此过程中引入网格内插的快速处理方法，实现大数据量 SAR 影像的快速纠正处理；最后，利用最邻近像元、双线性内插或双三次卷积的重采样方法，进行 SAR 影像的重采样工作，输出具有地理坐标的正射影像，其整个处理技术流程如图 10.15 所示。图 10.27 显示了 1 景 P 波段极化数据正射纠正结果。

对覆盖实验区的所有单景 SAR 的正射校正结果影像进行镶嵌处理，得到了覆盖整个实验区的 P 波段极化 SAR 镶嵌影像。

HH

HV

VV

Pauli RGB(HH+VV HV HH-VV)

图 10.27　P 波段正射纠正影像结果

2)机载干涉 SAR 处理

干涉 SAR 处理流程如图 10.12 所示。首先输入一对单视复数数据及参数文件，然后对输入数据进行配准，对辅影像重采样，使主、辅影像像素点一一对应；之后生成干涉图和干涉质量图，然后进行去平地效应、干涉图滤波、干涉相位解缠、相高转换等处理获得需要的高程文件。图 10.28 显示了一对 InSAR 数据的处理结果。该 InSAR 数据的获取时间为 2012 年 10 月 24 日，飞行高度为 6500m，影像分辨率为 0.5m。

(a)雷达影像

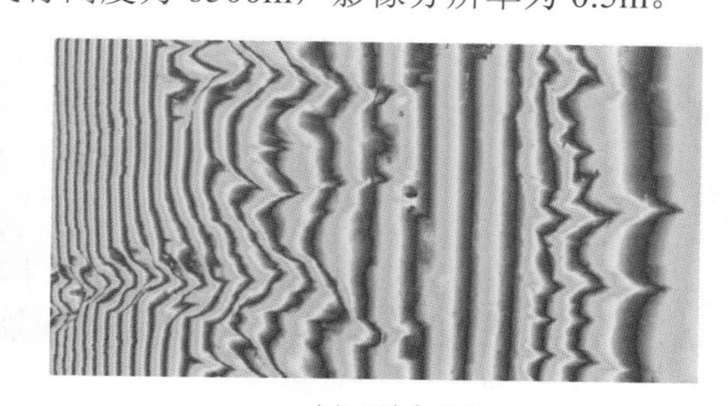

(b)干涉条纹图

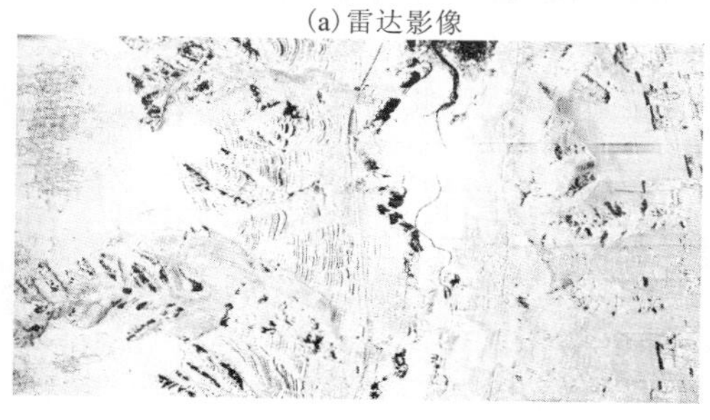

(c)相干系数图

(d)DEM

图 10.28　干涉处理结果

3. 机载 SAR 几何定标数据的获取

2013 年 9 月，根据实际飞行任务，与机载 SAR 飞行同步开展了机载 SAR 几何定标实验。机载定标实验包括选点、布标和测点三个步骤。此外，为获取高精度的飞机飞行姿态数据，本次实验还选取了两个差分 GPS 基站点，获取了差分 GPS 基站数据。

1) 选点

机载定标点的选择应该在图像中凸显定标器的位置。为简化相位展开过程，精力集中于干涉定标，选取的定标场应避免引入严重的叠掩和阴影给后续的干涉处理增加困难，从而突出系统误差对干涉高程测量精度的影响。因此，定标场的选择应从地形表面的后向散射特性、地形坡度等方面进行考虑。另外，为便于干涉定标性能评估，所选择的定标场应具备参考 DEM，而且参考 DEM 的精度至少比干涉 DEM 高一个量级；而且考虑多次定标试验进行定标性能评估的需要，选择的定标场在一定时间内应不会发生明显的地形变化。

根据以上分析，本次所选的定标场考虑了如下条件。

(1) 定标场应该是没有植被覆盖，但是相对于干涉频率来说是粗糙的地形区域。

(2) 定标场的地形坡度应该在一定的范围内，保证不会发生严重的叠掩和阴影，以简化相位展开等后续干涉处理。

(3) 定标场的地形应该在一定时间内不发生显著变化，便于多次进行定标试验。

(4) 定标场的选择应远离机场，飞机的运动和大量气象雷达会对机载干涉 SAR 测量产生干扰。

(5) 定标场中最好不要包括河流、湖泊，河流、湖泊的存在使得干涉相位图不连续，给相位展开带来困难。

结合以上因素和根河实验地区实测环境，本次实验选取了五个布标点。

2) 布标

基线长度、基线倾角、干涉相位是干涉 SAR 的关键参数，小的参数偏差将在 DEM 中引入显著的高程误差，而这些参数偏差在 DEM 中引入的高程误差是沿斜距向慢变的、单调的，要利用定标器对这些参数进行定标，则定标器的布放应该沿距离向，如果定标器聚集在某一区域，则敏感度矩阵的条件数会恶化，而且随着聚集程度的增强，敏感度矩阵条件数的恶化程度进一步加剧。根据上述分析，得到定标器的布放考虑以下几个方面。

(1) 干涉参数在一个甚至几个方位向内保持恒定，定标器沿距离向布放。

(2) 定标器的布放应尽可能地充满整个距离向观测带，不聚集在距离向的某一区域。

另外，虽然载机飞行的不稳定性可以通过运动补偿技术进行校正，但是，运动补偿技术依赖于惯性导航装置和全球定位系统提供的数据，由于惯性导航装置和全球定位系统的数据本身存在一定的误差，载机飞行的不稳定性在运动补偿之后，仍然存在一定的误差。这一部分误差的削弱需要通过干涉定标来实现。考虑载机的不稳定性主要体现在 SAR 的方位向，要通过干涉定标对这一误差进行校正，定标器的布放还应该沿方位向进行。因此，理想情况下，在考虑前两个方面的基础上，还应该沿方位向布放若干列的定标器。

考虑定标器沿方位向布放的列数取决于数据获取过程中载机的稳定性和运动补偿所能达到的精度，本实验暂不考虑定标器的方位向布放问题。

单个角反射器实际的摆放遵循一定的原则：角反射器的中心轴线垂直于航线并尽量与航线共面，根据飞行高度、飞行方向等参数，构成的几何关系确定角反射器中心轴线水平方位角以及垂直方向的偏移角。其摆放效果角示意图如图 10.29 和图 10.30 所示。

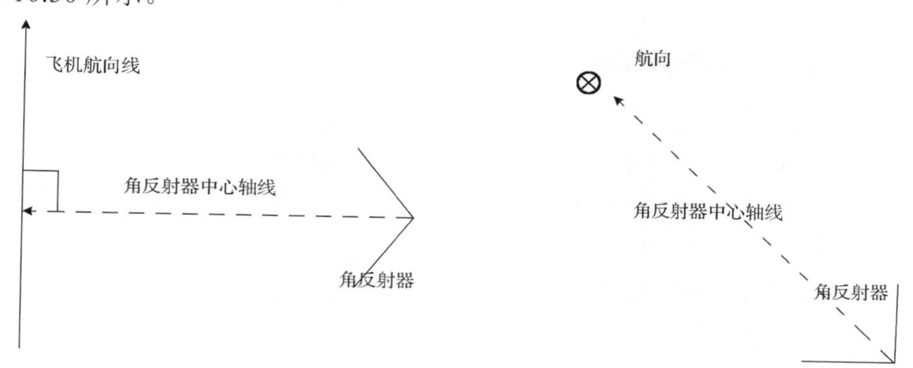

图 10.29　角反射器摆放俯视效果　　图 10.30　角反射器摆放侧视效果

角反射器摆放角度的原则：①角反射器的方位角，如图 10.31 所示，假定北方向为起始方向，飞机飞行航线与北方向的夹角为 α，为了保证角反射器的中轴线垂直于航线，此时角反射器在水平方向的旋转角度为 $\alpha+270°$；②角反射器的俯仰角(抬高或降低)，如图 10.32 所示，假设雷达波束的中心入射角为 β，为了保证角反

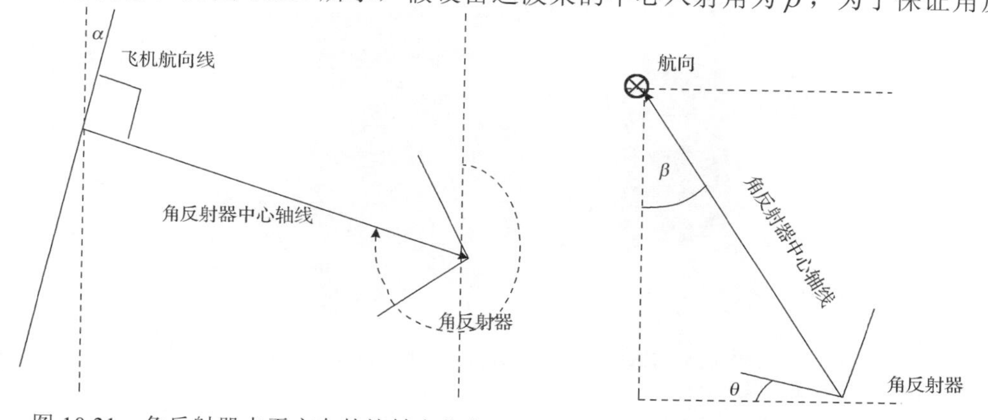

图 10.31　角反射器水平方向的旋转方位角　　图 10.32　角反射器垂直方向的偏移角度

射器的中轴线垂直于航线并尽量与航线共面，根据图中几何关系，角反射器在垂直方向的偏移角度 $\theta = 90° - \beta - 45° = 45° - \beta$，符号正为抬高，符号负为降低。由于三面角反射器具有平行反射波束的性质，10° 以内的微小偏差并不影响雷达波束返回的能量强度，所以在垂直方向上，10° 以内无须抬高或者降低角反射器。

图 10.33　实验角反射器布设图

本次布标试验中，采用的角反射器是尺寸为 40cm 的合金三面角角反射器，如图 10.33 所示。

根据以上布放规则和考虑因素，依次对五个布标点进行了布标工作。布标点在实验区的摆放大致位于一条直线上，间距为 300～400m，垂直于航向，主要用于改正距离向的误差。

3）测点

本次定标实验对定标点的测量工作，采用静态 GPS 差分测量。静态作业模式，连续观测时间不少于 2h，采样率为 10s，并以分布在定标场周边的 2 个 GPS 连续运行参考站为数据起算基准站，采用 IGS（International GNSS Service）精密星历和高精度 GPS 数据处理分析软件，解算各定标点的大地坐标系坐标。

4. 卫星遥感数据的获取与处理

（1）ENVISAT ASAR 数据。2 景 ENVISAT ASAR APP 数据就可实现综合实验区的全覆盖，共获取了 6 景数据。对这些数据进行了处理，生产了正射校正镶嵌影像，如图 10.34 所示。

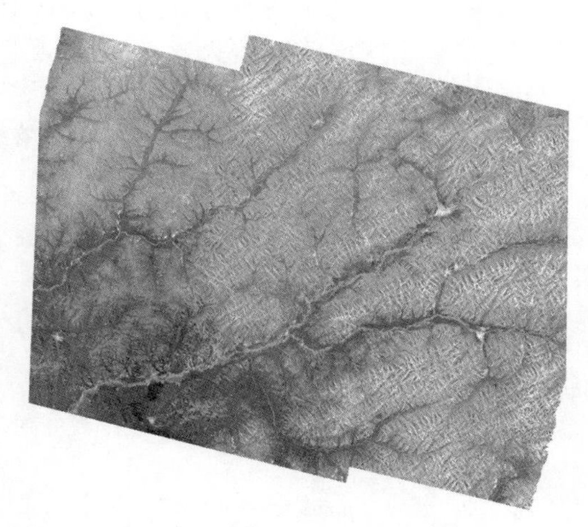

图 10.34　ENVISAT ASAR 双极化数据正射镶嵌影像

（2）ALOS PALSAR 数据。共获取到 2 景覆盖根河森林生态定位站重点实验区的

ALOS PALSAR 全极化数据、6 景覆盖整个实验区的 ALOS PALSAR 双极化数据。如图 10.35 所示为 2 景全极化数据的强度影像镶嵌图(R:HH G:HV B:VV)，叠加了根河森林生态定位站的边界图。如图 10.36 所示为 6 景双极化数据的强度影像镶嵌图(R:HH G:HV B:HH)。

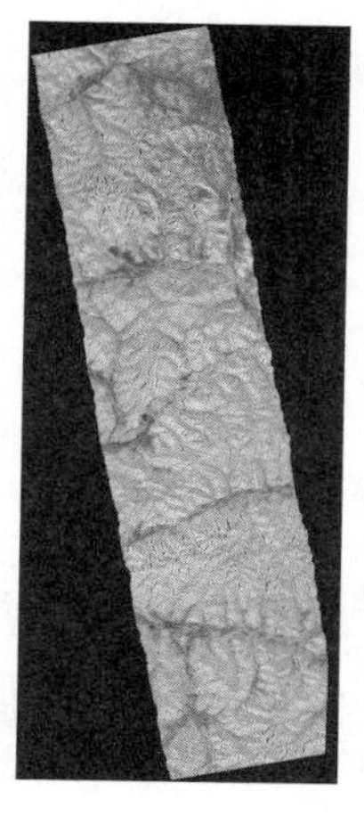

图 10.35　ALOS PALSAR 全极化正射镶嵌图

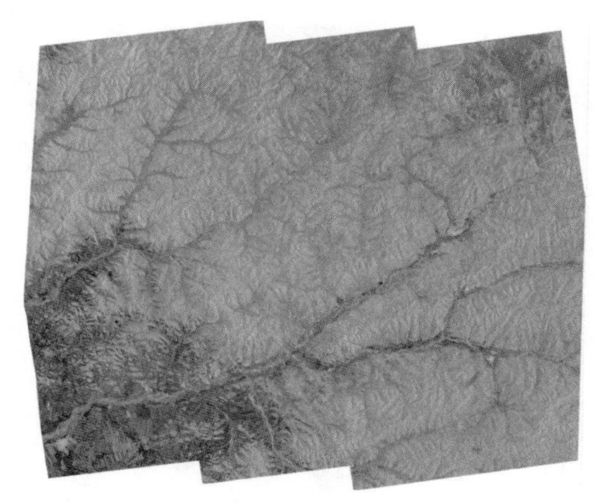

图 10.36　ALOS PALSAR 双极化正射镶嵌影像

(3) RADARSAT-2 数据。成功获取了 7 景覆盖依根农林交错区的 RADARSAT-2 全极化 SAR 数据(具体成像参数见遥感综合实验方案)，最终处理得到了相应的正射影像(R:HH G:HV B:VV)，其中 6 景处理结果如图 10.37 所示。

(4) TerraSAR-X SAR 数据。对获取的覆盖依根农林交错重点实验区的 1 景 TerraSAR-X 聚束模式(SPOTLight)高分辨率(3m×3m)双极化(HH+VV)数据进行了处理，结果如图 10.38 所示。

(a) 2012.09.01

(b) 2013.05.23

(c) 2013.06.16

(d) 2013.07.10　(e) 2013.08.03　(f) 2013.08.27

图 10.37　覆盖依根农林交错重点实验区的时间序列 RADARSAT-2 全极化 SAR 数据

(a) HH 极化

(b) VV 极化

图 10.38　依根农林交错重点实验区 TerraSAR-X 双极化正射影像

5. 星载 SAR 定标验证外场实验

2012 年 9 月 1 日、9 月 5 日，分别与 RADARSAT-2、TerraSAR-X 卫星过境同步，开展了野外定标验证实验。

实验中所用的角反射器类型及尺寸如表 10.11 所示。角反射器总体数量为 22 个，RCS 范围 C 波段为 23.036～47.338dBm^2，X 波段为 28.071～52.372dBm^2，RCS 值以约 3dBm^2 递增。其中三角面角反射器共 14 个，编号为 Cx；拼接三角面角反射器 2 个，编号为 CPx；扇形面角反射器 2 个，编号为 Sx；方形面角反射器 4 个，编号为 Fx。

表10.11 角反射器类型尺寸设计

编号	直角边长/mm	类型	数量	C波段RCS/dBm^2	X波段RCS/dBm^2
C1	620	三角面	1	23.036	28.071
C2	740	三角面	1	26.110	31.144
C3	870	三角面	1	28.921	33.956
C4	1050	三角面	1	32.188	37.223
C5	1250	三角面	1	35.217	40.251
CP1	1250	拼接三角面	1	35.217	40.251
S1	900	扇形面	2	35.220	40.255
F1	722	方形面	2	35.224	40.258
C6	1500	三角面	9	38.384	43.419
CP2	1750	拼接三角面	1	41.062	46.097
F2	1200	方形面	1	44. 050	49.085
F3	1450	方形面	1	47.338	52.372

角反射器大体呈“十”字形排列，C6系列等大三角面角反射器共9个用于测量距离向天线方向图；RCS值近似相等的角反射器共有6个用于不同类型角反射器对比研究以及距离向天线方向图的检验，分别为三角面角反射器1个(C5)、拼接三角面角反射器1个(CP1)、扇形面角反射器2个(S1)和方形面角反射器2个(F1)；RCS由小至大的角反射器共10个用于求解绝对定标系数，分别为C1～C6的三角面角反射器各1个、拼接三角面角反射器2个(CP1、CP2)、方形面角反射器2个(F2、F3)等。

角反射器布设时，对于RADARSAT-2覆盖区均匀布设的角反射器方位角和俯仰角进行了精确的调整。角反射器架设完成之后，架设基站进行了RTK(Real-Time Kinematic)测量，以保证定位精度的准确。在卫星过境之前，看守基站，保证其正常运行。

在RTK测量之前，选择了4个控制点进行了静态测量，静态测量时间为卫星过境时刻的前后50min。之后进行了自由网平差计算，作为后续RTK测量的校正点。

6. 2012年地面实况数据的获取

2012年8月29日～9月7日，在依根农林交错重点实验区开展了地面同步实验。共计30余人参加了地面同步调查和定标工作。实验期间，地面调查人员为配合星载SAR过境和机载LiDAR的飞行，结合任务需求，分别进行了同步/准同步土地覆盖类型、林业资源调查、农田土壤水分等参数的野外采集，以及星载SAR同步地面定标参数的获取。

在9月1日和9月5日两次星载SAR过境的当天，开展了针对不同传感器的地面定标、土壤水分和土地覆盖类型等地面调查数据同步获取。

2012 年 8 月 26 日～2012 年 9 月 17 日，在内蒙古根河生态定位站重点实验区及其周边区域(包括根河林场、莫尔道嘎、阿龙山）进行了森林样地地面调查，共测量了 117 块样地。

1) 气象数据获取

在依根生产队场部院内架设了 6 参数自动气象站，数据记录间隔为 10min，共记录了 2012 年 8 月 30 日～12 月 10 日期间的 5274 条气象记录。

2) 森林样带调查

在依根农林交错重点实验区内靠近中部的林地内设置了一条长度为 800m，宽为 10m 的样带，其位置如图 10.39 所示。样带方位角为北偏东 79.21°。在样带上每 10m 布设 10m×10m 的样地一块，共 80 块样地。以样地为单元采集了如下数据。

(1) 单木因子测量：分别对样带内的 80 块样地进行每木测量：胸径、树高、冠幅和枝下高。采用激光测高仪和超声波测高仪测量大树高、枝下高，用花杆测量小树高、枝下高，用胸径尺测量林木胸径，用皮卷尺测量冠幅。

(2) 样地定位：利用皮尺和罗盘确定样地内单株树木相对样地角点的位置坐标，样地中心点和角点坐标采用型号为 Juno SB 的 PDA 式手持 GPS 精确测量。

(3) 样地林分因子测量：对于每个样地利用两台 LAI-2000 进行样地的叶面积指数(LAI)、郁闭度测量；对土地覆盖情况、优势树种和林分健康情况等进行描述性记录，并拍照存档。

(a)　　(b)

图 10.39　森林样带位置示意图

3) 地表覆盖类型调查

分别于 9 月 1 日 RADARSAT-2 过境、9 月 5 日 TerraSAR-X 卫星过境时进行同步地类调查。调查时采用型号为 Juno SB PDA 式手持 GPS 记录调查点的 GPS 坐标位置，并记录属性信息，并对调查点周围土地覆盖类型拍照。一共调查了 76 个点，包含了该实验区的所有地物类型。

RADARSAT-2 影像范围为 25km×25km，重点调绘的区域为依根农场附近的区域，地形起伏较小，调绘第一天为阴转小雨，第二天为晴天，土壤湿度较大。主要的地类有林地、农田、居民地、草地、河流。林地和草地主要分布在山上与河岸。林地树种类型以白桦林为主，在河边多为低矮中等密度的灌木，树叶基本全为绿色，极少数树的叶子开始转黄。在山上，树木多分布在山的东侧，而西侧则以草地和旱地为主。调绘时节草地开始转黄，草地上零星分布着打好捆的草垛。

农田种植作物类型主要是小麦、大麦、油菜、土豆等，均大面积种植。其中小麦、大麦没有收割的很少，调绘区域只有两块没有收割；麦地多为收割脱粒焚烧后的麦地，也有少部分为脱粒后成垄放置的麦秆和剩余的麦茬地，极少见割倒未脱粒的麦田。没有发现未收割的油菜，大部分已经收割脱粒，秆已经打碎均匀铺撒在地里，相当一部分放倒在地成条带堆放，部分已经晒干，部分仍为绿色和黄色。值得注意的是，正值收割季节，且农场全采用机械化作业，麦地和油菜地变化极快，由于 RADARSAT-2 调绘用影像为 2012 年 9 月 1 日获取，获取的真实数据可能与影像存在较大差异。另一种值得注意的作物是土豆，土豆均尚未收挖，土豆地里杂草很多，间杂着油菜苗等其他植物。在省道边的土豆苗极为稀疏，看到的均为黑土，其次为杂草和土豆苗。其余的土豆苗均较为茂盛，是整个调绘区域中呈现鲜艳绿色的地块。

与光学影像相比，林地几乎没有变化，农田区域变化极小，种植的作物类型可能变化较大。一个重要的变化是农场前面的两条路(一条为南北走向，一条为东西走向)正在拓宽施工，路基挖沟有 2～3m 深，在影像上表现为蓝色的表面散射。同样为工地的另一块区域，却表现为绿色。

在 SAR 影像上，值得引起注意的有以下几个方面：烧过的麦地多呈现黑色或深蓝色，这全部得到了验证；在 Pauli 基假彩色影像上，林地和草地均表现为绿色，林地的绿色较亮，纹理起伏较大；放倒的麦子和油菜方向对 SAR 后向散射有较大影响，当其方向与 SAR 波束垂直时，红色分量较强，表现为偶次散射，当其与 SAR 波束呈其他角度时，则表现为体散射较强，绿色分量增加。

4) 土壤参数调查

2012 年 9 月 1 日 RADARSAT-2 及 9 月 5 日 TerraSAR-X 过境时，对依根农林交错实验区的田块进行了如下土壤参数的调查。

(1) 土壤湿度采集。分别于 2012 年 9 月 1 日和 9 月 5 日进行测量，其中 9 月 1 日测量时间为 12:00～18:30(天阴，土壤湿度变化很小)，9 月 5 日测量时间为 15:00～18:30(15:00 前有小雨，雨停时开始测量)。2012 年 9 月 1 日测量田块 39 块，采样点 125 个，4 块田块 5 个采样点，其余各 3 个采样点，采样均值 41.10%，方差 9.96%，范围 22.4%～61.3%。2012 年 9 月 5 日测量田块 32 块，采样点 90 个，1 块田块 4 个采样点，7 块田块 2 个采样点，其余各 3 个采样点，采样均值 43.18%，方差 8.12%，范围 25.9%～56.7%。土壤湿度较小的值一般为翻耕地。

(2) 土壤粗糙度采集。由于调查人员的限制，2012 年 9 月 1 日和 9 月 5 日进行土壤湿度测量时未进行土壤粗糙度的测量。8 月 31 日进行了少部分田块粗糙度的测量，9 月 2 日完成所有田块的粗糙度测量，9 月 6 日对 9 月 1 日、9 月 5 日有变化的区域进行粗糙度的补测，主要是 9 月 5 日的翻耕地及翻耕后耙过的田块。未翻耕的田块及翻耕后耙过的田块粗糙度较小，翻耕后未耙过田块粗糙度较大。

(3) 其他辅助数据采集。在测量土壤湿度及土壤粗糙度的同时，测量了田块农作物的茬高、垄距等，未收割的农作物的高度、草地覆盖度等，并对样点拍照。由于采用机械化收割，一般小麦大麦的垄距为 20cm，茬高 10cm，油菜的垄距为 30cm，茬高 15cm。

5) 依根农林交错重点实验区森林样地调查

根据农林交错区森林资源的实际情况和研究需要，本调查将野外采集样地的类型大致分为阔叶林、针叶林、针阔混交林共 3 个类型组，共计 39 个，如表 10.12 所示。

表 10.12 调查样地类型分布情况

野外调查点	经度	纬度	阔叶林	针叶林	针阔混交林
1	120.771011°	50.357347°	▲		
2	120.764582°	50.358529°	▲		
3	120.753018°	50.363647°	▲		
4	120.748916°	50.363943°	▲		
5	120.751891°	50.366881°	▲		
6	120.746274°	50.370553°	▲		
7	120.743938°	50.372222°	▲		
8	120.750944°	50.375325°	▲		
9	120.744550°	50.356580°	▲		
10	120.730054°	50.362100°			▲
11	120.716449°	50.362320°	▲		
12	120.700739°	50.367036°	▲		
13	120.709980°	50.359462°	▲		
14	120.786791°	50.387729°	▲		
15	120.756573°	50.396073°	▲		
16	120.780878°	50.400715°	▲		
17	120.866056°	50.372267°	▲		
18	120.867304°	50.383429°	▲		
19	120.874867°	50.385731°	▲		
20	120.879423°	50.384138°			▲
21	120.875011°	50.372117°	▲		
22	120.875011°	50.372117°	▲		
23	120.848119°	50.386585°			▲
24	120.846190°	50.399315°			▲

续表

野外调查点	经度	纬度	阔叶林	针叶林	针阔混交林
25	120.853665°	50.399457°	▲		
26	120.836502°	50.399673°			▲
27	120.775954°	50.372015°	▲		
28	120.767207°	50.368337°	▲		
29	120.760235°	50.366673°			▲
30	120.618704°	50.388061°	▲		
31	120.610539°	50.395767°		▲	
32	120.62649°	50.39389°		▲	
33	120.64400°	50.39085°		▲	
34	120.69194°	50.40566°			▲
35	120.68011°	50.39746°			▲
36	120.67825°	50.40046°	▲		
37	120.68806°	50.40665°			▲
38	120.69703°	50.40863°		▲	
39	120.62333°	50.39785°		▲	
总计			25	5	9

6) 根河生态定位站重点实验区森林样地调查

在根河市、莫尔道嘎、阿龙山进行了圆形样地调查，共获取样地 80 块，分别包括：阔叶林样地 19 块，针叶林样地 41 块，混交林样地 20 块(表 10.13)。

另外还进行了方形样地调查，共获得 30m×30m 的样方 37 个。在每个样方内调查了 LAI、郁闭度、坡度坡向、林下灌草、所有胸径大于 5cm 单木的胸径、树高、枝下高和冠幅等。对地面实测数据用对应树种的生长方程计算每木的地上生物量，进而换算到单位面积的地上生物量。

表 10.13　森林样地调查按分布区和森林类型统计结果

地区	调查时间	阔叶林	针叶林	混交林	总计
根河市	2012.08.28～2012.09.06	7	24	4	35
莫尔道嘎	2012.09.06～2012.09.10	7	6	8	21
阿龙山	2012.09.12～2012.09.15	5	11	8	24
总计		19	41	20	80

7. 2013 年地面实况数据的获取

1) 气象数据

依根农林交错重点实验区，获取了 2013 年 5 月 13 日～8 月 30 日，与 RADARSAT-2 卫星同步实验期间的气象数据，共 6366 条数据记录，数据记录的时间间隔为 30min，每条记录包括风速(m/s)、雨量(mm)、气温(℃)、风向(°)、湿度(%)和气压(hPa)等 6 个参数。如图 10.40 所示是 6 月 17 日风速、降雨量的示例数据。

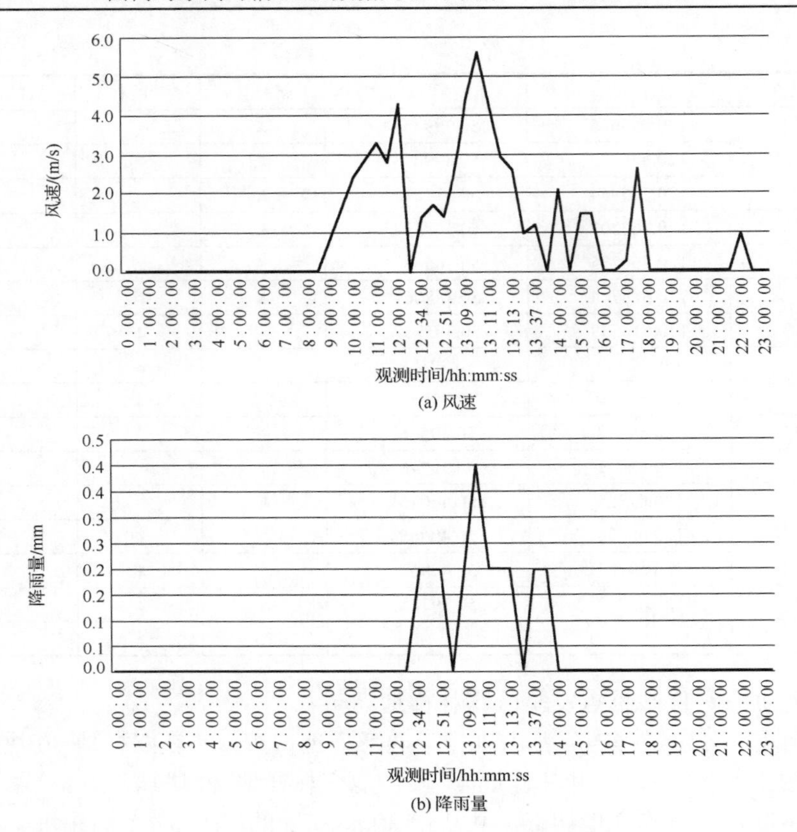

(a) 风速

(b) 降雨量

图 10.40　6 月 17 日风速、降水量的示例数据

2) 森林样地 LAI 测量

本次实验所选取的样地为 2012 年 8 月遥感综合实验期间所选定 800m×10m 的森林样带，在上一次的调查中，获取了以上所有的森林参数，实验时间相差一年，单木的胸径、树高、枝下高、冠幅等参数变化较小，变化较大的是样地的 LAI，所以在本次实验中，主要测量样地 LAI。

森林样带 LAI：样地位置如图 10.39 白色线条所示。为保证在测量中 A 值和 B 值能够同步观测，本实验采用 LAI2000 和 LAI2200 同步测量 A 值与 B 值。在 2013 年 7 月 10 日的同步测量中，由于 LAI2000 出现故障，未能同步获取 A 值，故使用 LAI2200 在测 B 值前测了 5 个 A 值，测完全部 B 值后又测了 4 个 A 值，7 月份的 LAI 值误差相对较大。在 2013 年 8 月 3 日和 8 月 27 日卫星过境的同步测量中，除了使用 LAI2000 和 LAI2200，也使用了 HemiView 测量 LAI。拍摄系统由一台 Nikon Coolpix 8400 数码相机、一个 FC-E9 鱼眼镜头、一套自动平衡装置和一个三脚架组成。以 180° 视场角从下往上拍照，完整地记录各个天空方向，并采用标准的等角投影系统存储照片。

在 2013 年 8 月 27 日卫星过境的同步测量中，除了测量森林样带的 LAI 值，还选取了 16 块临时样地测量 LAI，临时样地包括白桦林和落叶松林。

基于 LAI2000 和 LAI2200 的测量如下。

(1) 本实验在现有仪器的基础上采用 LAI2000 和 LAI2200 进行同步测量 A 值与 B 值。标定的方法是将两台仪器并排放在空旷无遮挡区域，使用相同角度的镜头盖遮盖，朝向同一个方向，同时获取 4 个值，计算标定系数。

(2) 将 LAI2000 放在森林外空旷区域，以 15s 时间间隔自动记录 A 值。

(3) 根据天气情况确定探头的遮光范围，使用 LAI2200 在每个样地中心点分四个方向获取 B 值，每个方向记录一次，最终将 4 个方向的 LAI 值取平均作为此样地的 LAI 值。

(4) 在临时样地 LAI 测量中，使用 LAI2200 取 180°镜头在森林外获取 2 个 A 值，进入样地快速获取 4 个 B 值(4 个方向)，出样地后再获取 2 个 A 值，最终取平均作为此样地的 LAI 值。

(5) 利用 FV2200 ver 1.0.2 对数据处理得到 LAI 值。

基于 HemiView 的测量如下。

(1) 通过自动平衡装置使鱼眼镜头中心轴正对天顶，保证天顶角 θ 测量正确。

(2) 自动平衡装置上配有指北针和两个通过光纤与相机曝光窗口相连的指示灯，这两个指示灯将在鱼眼照片的边缘(180°天顶角)成像，指示磁北方向，保证方位角 α 测量正确。

(3) 采用的光圈大小为 5.7，曝光时间根据天气情况随时会调整。

(4) 利用 Gap Light Analyzer(GLA) 软件对冠层照片进行处理分析，获取了两个环(4 环和 5 环)的 LAI 值和林冠稀疏度。

图 10.41 所示为 5 次同步测量森林 LAI 时拍摄的森林照片，从照片中可以直观地看出从 2013 年 5 月 23 日到 8 月 27 日树叶呈现由稀疏到茂密再到稀疏的过程，比较 5 个时相的 LAI 测量值可以看出(图 10.42)，7 月 10 日的 LAI 相对最高，其次是 6 月 16 日，8 月 3 日较低，而 5 月 23 日和 8 月 27 日最低，这表明实测 LAI 与森林的实际生长情况是基本吻合的。

在这 5 个时相中，相对于其他 3 个时相，6 月份和 7 月份树叶较为繁茂，LAI 相对较大，并且在这两时相中不同样地的 LAI 差异性最明显，其中，62 号样地的 LAI 最小，主要是因为 62 号样地内单木较少，只有 6 株树，东西向冠幅平均值为 2.9m。南北向冠幅平均值为 3.0m。

3) 农田作物及土壤参数调查

与 5 次 RADARSAT-2 卫星数据获取同步/准同步(离卫星过境时间前后不超过 48 小时)开展了农田作物及土壤参数的调查(图 10.43)。每次实验选择 30 块左右具有代表性地块进行调查，观测内容主要包括地理位置、LAI、株高、叶片长宽、密度、

图 10.41　同步测量 LAI 时森林内部生长状况

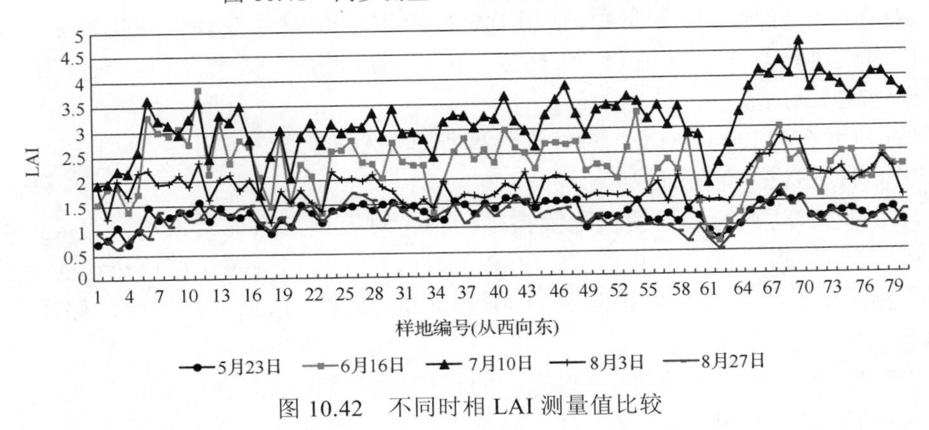

图 10.42　不同时相 LAI 测量值比较

鲜重、干重、土壤体积含水量、垄距及照片等。第 1 次实验时间为 2013 年 5 月 22～25 日，由于作物处于播种期，只重点对农田土壤参数(含水量、粗糙度)进行了调查，共调查了 34 个地块，其中包括农田 30 块、草地 4 块；第 2 次实验时间为 2013 年 6 月 14～17 日，共调查了 29 个地块，其中小麦 13 块、大麦 6 块，油菜 10 块；第 3 次实验时间为 2013 年 7 月 9～12 日，共调查了 34 个地块，其中小麦 13 块、大麦 6 块、油菜 15 块；第 4 次实验时间为 2013 年 8 月 1～5 日，共调查了 34 个地块，其中小麦 12 块、大麦 9 块、油菜 13 块；第 5 次实验时间为 2013 年 8 月 27 日～9 月 1 日，共调查了 33 个地块，其中小麦 16 块、大麦 6 块、油菜 11 块。

4) 土地覆盖类型调查

2013 年 5 月至 8 月，项目组按原定计划共编程获取重点实验区 5 个时相的 RADARSAT-2 全极化精细模式数据(C 波段)。5 景 RADARSAT-2 数据覆盖重点实验区的范围完全重合，主要土地覆盖类型包括草地、水体、湿地、建筑、道路、农作物等，农作物主要包括大麦、小麦和油菜。其中，随物候变化最为显著的是农作物，从 5 月初至 8 月底经历了播种、拔节、开花、抽穗、灌浆、收割等生育期，在每一次卫星过境之时，农作物都处于不同的生育期，呈现不同的生长状态，因此，每次卫星过境都进行了地面同步土地覆盖类型调查。调查时，在实验区主要道路沿线区域选择典型地物覆盖类型设置观察点，采用型号为 Juno SB PDA 式手持 GPS 记录调查点的 GPS 坐标位置，记录观察点土地覆盖类型，并从不同方位对观察点进行了拍照。5 月 23 日同步调查了 34 个点，6 月 16 日调查了 59 个点，7 月 11 日调查了 46 个点，8 月 3 日调查了 30 个点，8 月 27 日调查了 33 个点。

图 10.43　小麦(上)、大麦(中)和油菜(下)的 5 次同步地面调查照片(见彩图)

另外，在 6 月份、7 月份，还以地块为单位进行了地表覆盖类型的调绘工作，如图 10.44 和图 10.45 所示，分别为 6 月、7 月所调绘地块的空间分布情况，不同颜色代表不同的地表覆盖类型。

图 10.44　6 月地块地类调绘结果(见彩图)

图 10.45　7 月地块地类调绘结果(见彩图)

实验区主要农作物的时相变化特征如图 10.46 所示。图 10.46 第一行 5 幅图为 5 个时相的 RADARSAT-2 Pauli RGB 影像，蓝色多边形区域为森林，绿色多边形区域为大麦地，橙色多边形区域为油菜地，红色区域为小麦地；下面 3 行分别为大麦、小麦、油菜在这 5 个时相中的生长状态照片。在 5 月份，三种作物刚刚播种，地表覆盖较为简单，在 Pauli RGB 影像中，都呈现出以表面散射为主的散射特征。随着作物的生长，三种作物的地表覆盖逐渐复杂，在 Pauli RGB 影像中表面散射特征逐渐减弱，在 7 月份，由于大麦和小麦的结构特征极为相似，所以表现出相似的以二

图 10.46　不同作物不同生长状态比较(见彩图)

面角散射为主的散射特征，而油菜随着生长其分枝增多，结构复杂，且倒伏，呈现出以体散射为主的散射特征，到成熟以后此散射特征会更强，如 8 月 3 日的 Pauli RGB 影像所呈现的特征。而到了 8 月 27 日，橙色区域内的油菜已收割，但秸秆仍铺在地里，相对于 8 月 3 日的 Pauli RGB 影像，此时相的 Pauli RGB 影像体散射强度明显减弱，收割后的大麦地和小麦地的二面角散射也有所减弱。

5）其他数据

2013 年 6 月份实验过程中，通过咨询农场工作人员，获取了上库力农场依根第一生产队管区农场的播种品种和播期等资料，经数字化形成了矢量的地块分布图，如图 10.47 所示。该图展示了每个地块的边界及所种植的作物品种；每个地块记录的属性包括：地块号、面积、耕作方式、播期和品种。耕作方式包括“免耕”和“秋翻”两种；耕作方式、播期和品种三个属性分别给出了 2012 年与 2013 年的信息。

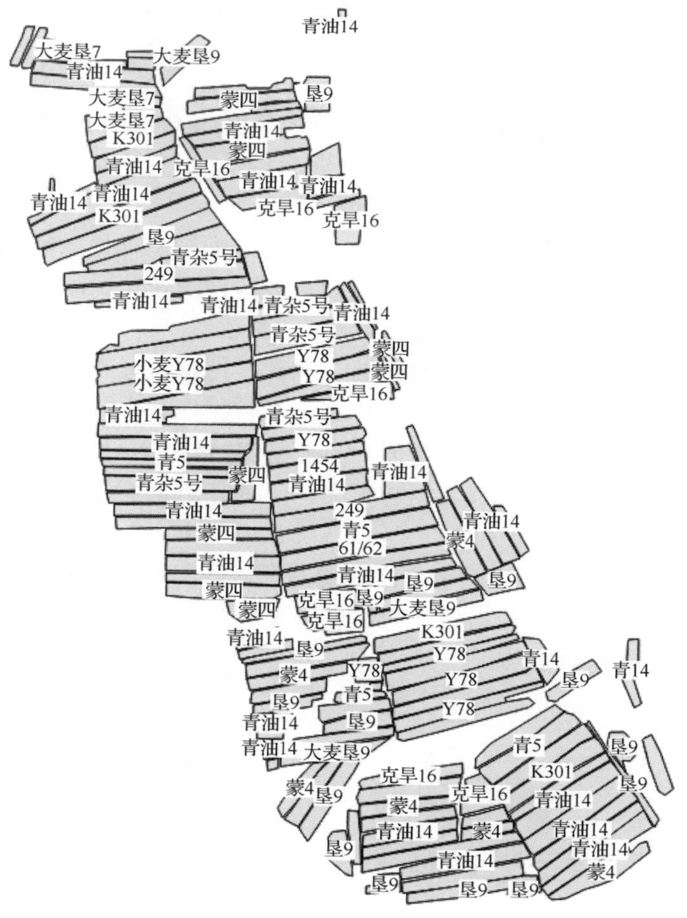

图 10.47　上库力农场依根第一生产队农田地块分布

10.3　SAR 遥感综合实验数据库与共享

对遥感综合实验所获取的卫星遥感数据、机载 SAR 数据、机载 LiDAR 数据及其处理结果、地面实测数据及其处理结果、收集的基础地理信息数据、专题信息数据等进行了整理，建立了 SAR 遥感综合实验数据库。该数据库主要数据内容如下。

(1) 机载激光雷达和 CCD 数据：对内蒙古大兴安岭实验区机载激光雷达和 CCD 数据进行了深加工处理，生成了覆盖 2 个重点实验区（依根农林交错实验区、根河生态定位站实验区）的 DEM、DSM 和 CHM（冠层高度模型）及 CCD 正射镶嵌影像。

(2) 机载 SAR 数据：对所获取的机载 SAR 数据进行了成像处理，得到 SLC 数据产品；进而，对 X 波段双天线干涉 SAR 数据进行了干涉处理、后向散射强度归一化处理、几何精校正处理和镶嵌处理；对 P 波段 PolSAR 数据进行了多视化处理、几何精校正处理和镶嵌处理。最后生成了 X 波段强度镶嵌影像、P 波段 PolSAR 强度合成镶嵌影像。

(3) 星载 SAR 数据：对所获取的星载 SAR 数据（RADARSAT-2、TerraSAR-X、ALOS PALSAR 和 ENVISAT ASAR）进行了辐射定标、正射校正和地形辐射校正处理，生成了相应的星载 SAR 正射校正影像。

(4) 地面实况数据：对所获取的森林、农作物地面观测样地数据、地表覆盖类型外业测绘数据、土壤湿度调查数据、气象观测数据、DGPS 观测数据等进行了预处理、处理和整理，形成了地面观测数据集。

(5) 其他存档数据的整理：对获取的 DEM、土地覆盖分布图、林相图、农作物种植模式图等数据进行了整理，建立了专题信息数据库。

该数据库具有 SAR 数据类型全面（卫星及机载极化 SAR、InSAR 和极化干涉 SAR），与机载激光雷达和 CCD 数据相配套，与同步/近同步地面实况测量数据相配套，经定量化处理等特点。

该数据库已实现了参与实验单位之间的共享，各实验参加单位和人员已将相关数据用于发展、验证 SAR 数据处理和信息提取模型与软件，检验了我国机载 SAR 系统的数据获取能力和性能。

第 11 章　高精度地形测绘应用示范

机载合成孔径雷达分辨率取决于雷达的发射带宽和合成孔径长度，与飞行高度无关。因而，不同比例尺的影像可以在同一高度获取。同时它具有全天候、全天时特点，极少受天气影响。因此，机载合成孔径雷达在困难地区，特别是我国西部地区地形测图有着巨大的应用价值。坚持在生产试验和推广中应用，使国内发展的机载 SAR 系统实用化，同时结合国际先进技术的引进、吸收和消化，机载合成孔径雷达系统和技术在国家地形测绘领域中的应用必将越来越成熟和广泛。我国 SAR 在测绘中的应用遵循着试验—试生产—规模化生产的路线，SAR 的测绘生产能力也经历了从无到有，从 1∶50000 到 1∶10000 甚至到 1∶5000 的逐步升级历程。

11.1　SAR 测绘应用概况

SAR 地形测绘初期以 SAR 立体测量技术为基础，开展地形信息提取。Gracie 等于 1972 年将其数学模型用于处理 SAR 影像，从而产生了一台相当独特和专门的 SAR 立体测图仪器，开始了 SAR 地形测图的应用研究。同年，Norvelle 首先在 AS-IIA 解析测图仪上为 SAR 立体测图编制了程序，从而开创了雷达摄影测量的新篇章(Leberl，1990)。随后，Koopmans 等对机载 SAR 影像立体测图方法进行了深入研究，但由于雷达影像的几何畸变较大和分辨率较低，只能用于测制 1∶250000 比例尺地形图(Leberl et al., 1986)。随着 SEASAT 卫星和航天飞机成像雷达 SIR-A 与 SIR-B 的成功飞行，在 20 世纪 80 年代掀起了星载 SAR 测图热潮。1984 年 Ragga 在 Kern DSR-1 解析测图仪上开发了 SMART 立体测图程序。用该程序处理 SEASAT 卫星和航天飞机成像雷达 SIR-A 与 SIR-B 获取澳大利亚地区的 6 个立体像对，开展地形信息提取，处理结果：高程精度为 25m，约为距离向分辨率的 1.8 倍，但平面精度仅为 50m(Leberl,1990)。进入 90 年代以来，伴随机载与星载 SAR 数据源的增多和计算机技术的发展，基于数字工作站(如 STARMAP 全数字立体雷达工作站和 SUN4/65SPARC SAR 工作站)的雷达摄影测量已得到广泛应用，并能生产出数字地形图和数字正射影像图。SAR 影像测图技术是美国军事测绘部门的重点研究项目之一。美国国防测绘局和陆军工程兵测绘研究所都开展了这方面的研究。80 年代初，美国国防测绘局与美国地质调查局(United States Geological Survey，USGS)协作，在 AS-IIAM 解析测图仪上，开发出一种立体雷达影像测图软件，用于 SAR 地形测绘。80 年代中期，美军工程兵测绘研究所开始研究 SAR 地形测图应用技术，并先后研制出“SAR 地形分析系统(SAR-TASS)”“SAR 陆军地形信息系统(SAR-ARTINS)”。2000 年以后，多个商业运营的星载和机载 SAR 系统相继形成，已经有较多的 SAR 地形测图应用，最大比例尺已经达到 1∶10000，其中影响最大的是美国“奋进”号航天飞机上搭载的 SRTM(Shuttle Radar Topography Mission)系统，获取北纬 60°至南纬 60°之间总面积超过 1.19 亿平方千米的雷达影像数据，经过处理得到了覆盖全球 80%以上的陆地表面地形。而后 Toutin 等先后利用 RADARSAT-1 和 RADARSAT-2 立体数据，进行了大量立体 SAR 测图应用试验，取得了不错的精度结果(Toutin and Amaral，2000；Toutin，2010)。

我国相关领域的研究部门也在 SAR 地形测绘方面开展了系列的研究工作。武汉大学、解放军信息工程大学、西安测绘研究所、中国测绘科学研究院等单位先后开展了 SAR 地形测绘应用的研究，并取得了一定的成果。郑州测绘学院(现解放军信息工程大学)于 1989 年利用 GEMS 机载 SAR 立体影像进行目标点定位(朱彩英和蔡旺森，1991)，其定位精度为:山地 M_{xy}=±27m，M_z=±25m；丘陵地 M_{xy}=±26m，M_z=±17m。其平面精度已能满足 1∶100000 比例尺地形图修测的要求，高程精度可满足 1∶250000 比例尺地形图的精度要求。随后又在国产 APS-1 解析测图仪上开发出 SAR 立体测图软件包 SARMS。1994 年西安测绘研究所研制成功“SAR 影像平面测图系统”，该系统由 AT-1 单片量测仪、计算机和绘图仪组成，其基本原理是在 SAR 影像上采集每一个地物点的像坐标，在该地区 DEM 支持下根据 SAR 构像的数学模型计算出对应的地面坐标，并按输入的属性代码实时在显示屏上显示，经检查、编辑后，在绘图仪上输出最终结果。试验结果表明，采用 10m 分辨率的 SAR 影像，其平面精度可达到测制 1∶100000 比例尺地形图和修测 1∶50000 比例尺地形图的精度要求。中国测绘科学研究院在西部测图工程中，开展了大面积的 SAR 地形测图应用，利用星载和机载 SAR 数据完成了横断山脉地区的 1∶50000 地形测图任务，取得显著成果。中国测绘科学研究院在 2012 年，在四川若尔盖地区开展了 1∶10000 机载 SAR 地形测图应用，综合应用立体测量和干涉测量技术，生产了满足规范要求的 DOM、DEM、DLG 产品，同时在河南地区开展了 1∶5000 测图应用示范，验证了利用高分辨率的机载 SAR 数据开展大比例尺地形测图生产的可行性。

11.2 SAR 地形测绘生产工艺流程

SAR 地形测绘生产主要流程包括 SAR 影像空三加密、调绘片制作、DEM 产品制作、DOM 产品制作、DLG 产品制作等，具体流程如图 11.1 所示。

SAR 影像空三加密基于外业测量或内业从光学影像转刺的已知点作为控制点，

采用 SAR 区域网平差技术，实现 SAR 影像高精度定位，获取 SAR 影像测图所需的控制点和模型定向信息(庞蕾和张继贤，2004)。

调绘片制作采用获取的 SAR 影像数据，结合已有的 DEM 数据对影像进行几何粗纠正，生成可用于外业调绘的影像数据。调绘工作首先在室内充分利用多极化雷达影像进行地貌要素和地表覆盖的预判，然后在外业进行实地调绘、核查和解译。

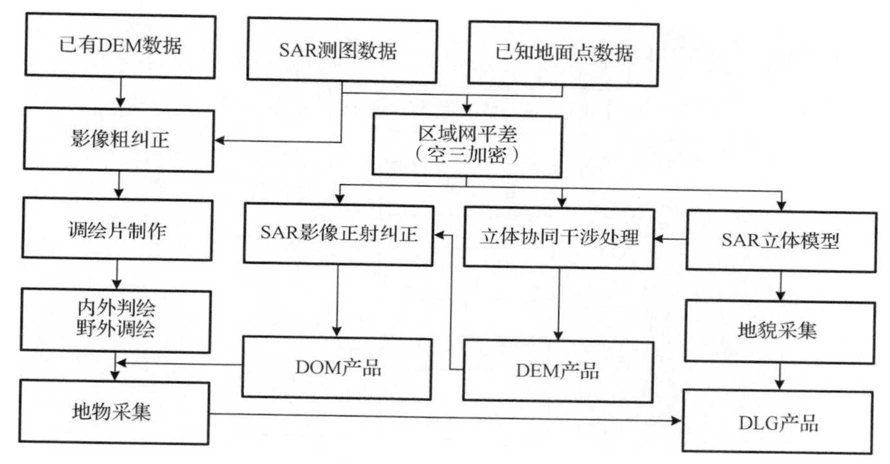

图 11.1　SAR 地形测绘生产工艺流程

DEM 产品制作主要采用 SAR 干涉测量联合 SAR 立体测量技术，通过干涉图生成、相位解缠、基线估计、相高转换、地理编码等处理，并利用立体测量技术协同解决低相干问题，经过镶嵌生成 DEM 成果数据。

DOM 产品制作利用空三加密得到模型定向信息和制作的 DEM 成果对 SAR 影像数据进行几何精纠正，得到以整景为单位的 DOM 成果数据，再经影像融合、镶嵌、裁切、影像处理、接边，得到标准分幅的 DOM 成果数据。

DLG 产品制作以标准分幅的 DOM 成果数据为依据，参考外业提供的调绘片资料，利用 SAR 立体模型在立体观测环境下提取等高线要素和地物要素，将地物要素与地貌要素进行整合，通过编辑和属性赋值操作，得到 DLG 成果数据。

11.3　SAR 影像定位应用

本节分别以机载 SAR 数据和星载 SAR 数据对所建立的模型进行应用试验，包括四川若尔盖机载 SAR 1∶10000 测图区、河南登封机载 SAR 1∶10000 测图区和西藏地区 TerraSAR-X 星载数据分别进行定位试验，验证定位模型的可行性与精度。

11.3.1 若尔盖地区机载 SAR 影像定位

1. 作业方案详细介绍

利用 X 波段 N/S 两个方向的数据构建区域网，按照布点要求选取两个方向影像的同名点作为控制点，利用加密程序、影像处理软件制作控制片。通过野外实测、平面坐标换算、高程系统转换、像片整饰等技术手段，得到控制点、刺点片成果。像片控制工艺流程如图 11.2 所示。

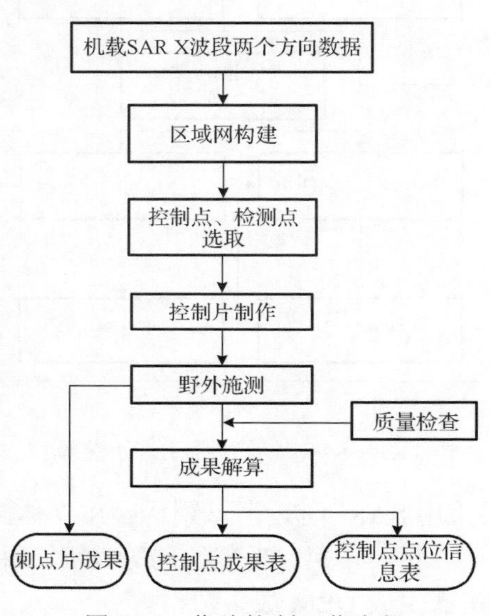

图 11.2　像片控制工艺流程

2. 空中三角测量

首先对 X 波段 N/S 两个方向的影像建立区域网，按要求量测控制点、连接点、内业检测点后进行区域网平差计算，再利用 X 波段得到的平差结果对 P 波段极化合成影像 N/S 两个方向的影像进行单片纠正，最后将加密成果的大地高转换为正常高后提交一下工序，同时采用不同的布点方案研究 X 波段区域网稀少控制技术。区域网平差与定位定向工艺流程如图 11.3 所示。

3. 空中三角测量过程

(1) 控制点选取及控制片制作。按照方位向(约 4 条基线)、距离向(约 5 条航线)每隔 0.5 幅 1∶10000 图幅距离布设一对控制点的原则，计划在试生产及外围区域共选取 32 个控制点，制作 104 张控制片。内业选点示意图如图 11.4 所示。

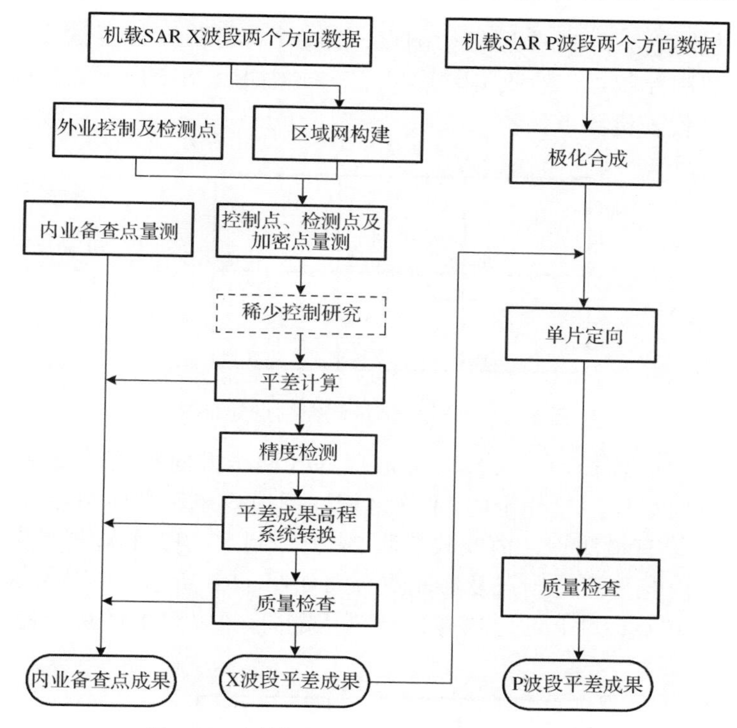

图 11.3　区域网平差与定位定向工艺流程

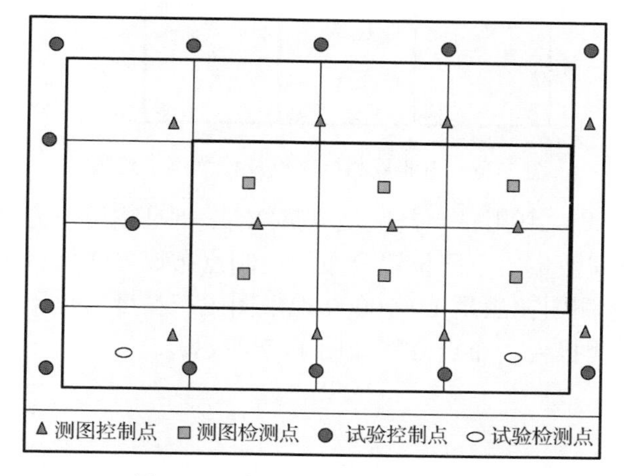

图 11.4　内业选取控制点分布图

(2)控制点外业施测。投入 10 人参与外业像控工作，采用静态 GPS 观测技术观测了 24 个控制点(内业布设的右下角角点外业无法到达，为了保证精度，另选取 3 个点作为补充)，解算后平面中误差为 0.013m，高程中误差为 0.090m；采用网络 RTK

及常规 RTK 技术观测了 51 个图幅检测点、135 个碎部点，外围试验区域由于实地条件限制，未观测控制点。外业实际量测点分布图如图 11.5 所示，其中五角星代表控制点，三角形代表检测点。

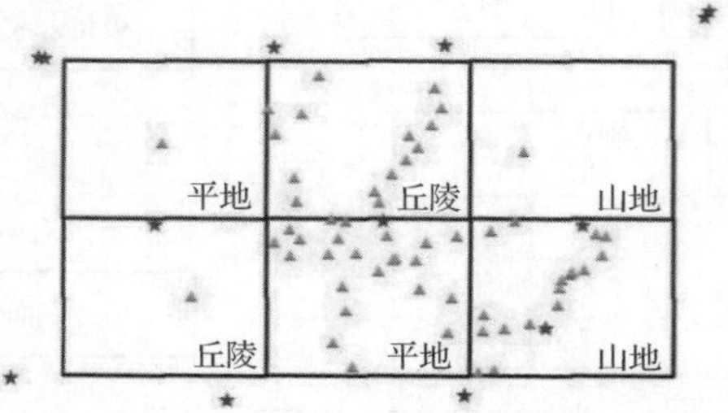

图 11.5　外业实际量测控制点分布图

(3) 内业空三加密。投入 1 人参与 X 波段 N/S 两个方向影像区域网空三加密及 P 波段 N/S 两个方向影像的单片定向。本次区域网周边均布设有控制点，每幅 1∶10000 图幅范围内均布设有检测点，内业共量测 24 个控制点，12 个检测点用于 X 波段区域网空三加密。内业量测控制点及检测点分布如图 11.6 所示。利用 X 波段区域网平差成果通过自动转点，对 P 波段影像进行单片定向，结合 DEM 进行影像正射纠正。

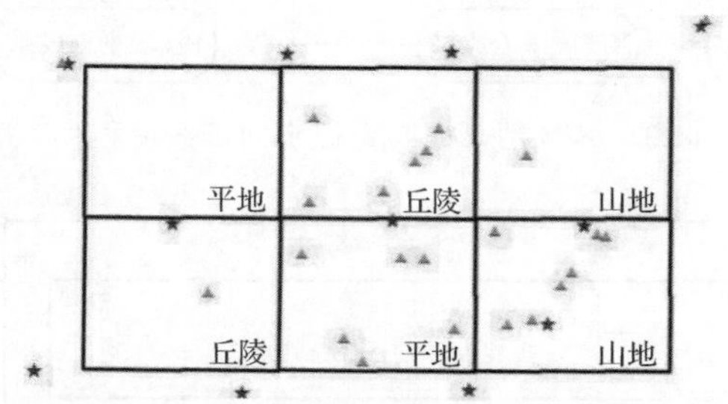

图 11.6　内业量测控制点及检测点示意图

(4) 稀少控制试验。利用试生产区域开展 X 波段 N/S 两个方向影像区域网稀少控制研究。采用不同数量、不同位置分布的控制点布设方式探讨区域网平差精度，研究机载 SAR 影像测图在满足 1∶10000 地形图生产精度前提下的稀少控制布点方案，并形成精度检测报告，布点方案如图 11.7 所示。

4. 精度检测与分析

1) 精度要求

光学影像加密点量测精度要求：量测误差不大于 1 个像素，平差解算后像方残差不大于 1～1.5 个像素。

规范要求 1∶10000 比例尺地形图绝对定向后基本定向点残差、多余控制点的不符值及网间公共点的较差不得大于表 11.1 的规定(平地限差参考汶川灾后项目控制精度经验)。

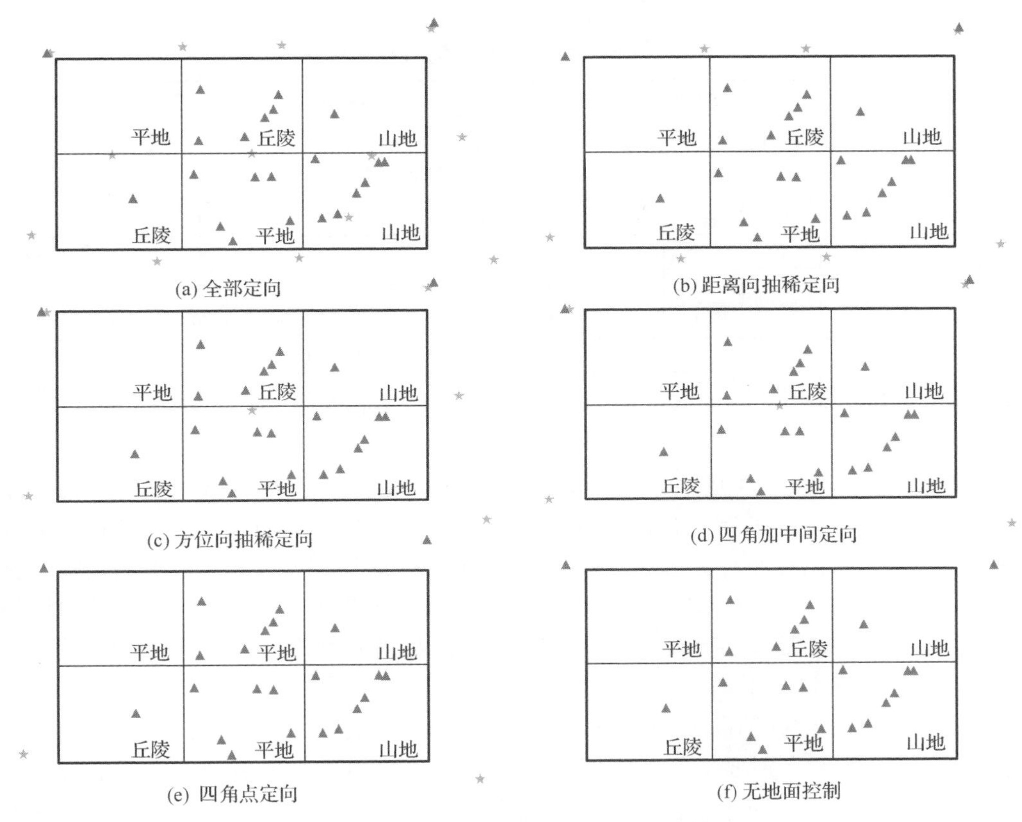

图 11.7　采用不同数目控制点的分布情况

表 11.1　1∶10000 空三加密精度规范

地形类别	点别	平面限差/mm	高程限差/m
平地	基本定向点	0.3	0.22/0.4
	多余控制点	0.35	0.3/0.5
	网间公共点较差	0.7	0.6/1.0
丘陵地	基本定向点	0.3	0.8
	多余控制点	0.35	1.0
	网间公共点较差	0.7	2.0
山地	基本定向点	0.4	1.5
	多余控制点	0.5	2.0
	网间公共点较差	1.0	4.0
高山地	基本定向点	0.4	2.2
	多余控制点	0.5	3.0
	网间公共点较差	1.0	6.0

不同布点方案的空三加密精度检测结果统计如表 11.2 所示。

表 11.2　不同布点方案精度统计

布点方案			定向点定向精度/m				检查点检测精度/m			
区域网	定向点数量	检查点数量	平面		高程		平面		高程	
			中误差	最大误差	中误差	最大误差	中误差	最大误差	中误差	最大误差
全部定向	13	23	0.37	0.60	0.21	0.40	0.24	0.50	0.25	0.50
距离向抽稀定向	8	23	0.38	0.70	0.26	0.40	0.28	0.50	0.48	0.80
方位向抽稀定向	6	23	0.37	0.50	0.19	0.30	0.32	0.50	0.26	0.50
四角加中间定向	5	23	0.32	0.40	0.18	0.30	0.36	0.50	0.24	0.50
四角定向	4	23	0.35	0.30	0.30	0.40	0.38	0.60	0.64	1.00
无控定向	0	23					0.97	1.90	2.95	3.90

2) 结论

试生产区 7 幅(上 3 幅下 4 幅)1∶10000 图幅范围，通过表 11.2 中 6 种布点方案平差结果分析可得：在带有 POS 数据辅助的条件下，全部定向、方位向抽稀定向及四角加中间定向三种布点方式精度符合表 11.1 平地地形类别要求，其中四角加中间定向的定向方式使用的控制点最少。常规航片在带 POS 数据的条件下，对于该区域范围，航向约间隔 25 条基线布设一个控制点，距离向隔航线布设一对控制点平差精度基本能符合表 11.1 平地地形类别要求。

在带有 POS 数据辅助的条件下，距离向抽稀定向及四角定向布点方式精度符合表 11.1 丘陵地形类别要求，其中四角定向方式使用的控制点最少。常规航片在带 POS 数据的条件下，对于该区域范围，需要四角加拐点布设控制点，大约需要 6 个点平差精度能满足表 11.1 丘陵地形类别要求。

11.3.2　登封地区机载 SAR 影像的定位

1. 试验数据

试验区选在河南登封市郊，试验区东西向和南北向各 13km，地形高程在 230～440m，属丘陵和山地地形。采用中国测绘科学研究院研制的多波段多极化干涉极化 SAR 测图系统(CASMSAR)获取的 X 波段机载 SAR 数据。有东西向航线 6 个航带，西东向航线 5 个航带，每航带 9～10 景影像，共有东西向影像 55 景，西东向影像 44 景。SAR 成像多普勒参数在−600～600Hz，不同航带差异较大；方位向与斜距向像元大小分别为 0.31m 和 0.25m，其实际地面分辨率为 0.5～1.0m；SAR 波长为 0.03m；近距端斜距约为 2600m，远距端约为 7500m；飞行航高约 3000m。图 11.8 显示了东西向和西东向航线影像相互间的关系，图 11.9 显示了 SAR 影像的某个局部。

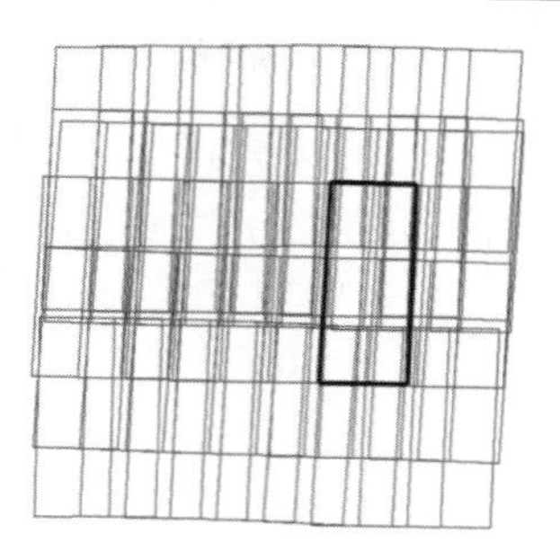

(a) 东向航线影像

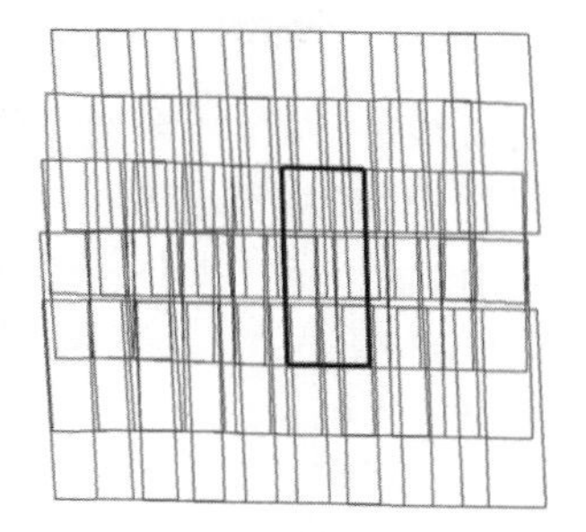

(b) 西向航线影像

图 11.8　同一区域的东西向航线区域网影像(粗线框为一景影像范围)

图 11.9　CASMSAR 系统获取的机载 SAR 影像局部

2. 单片定向

选取其中一景影像，以影像中的原始辅助数据为定向参数值(该景影像的成像多普勒频率为−322Hz)。分别以 Leberl F 模型、R-D 模型、RCD 模型和 R-Cp 模型进行无控制点条件下的单片定向试验，单纯从构像几何的角度，考察非 0 多普勒 SAR 影像采用不同模型进行定向的差异。R-Cp 模型定向采用的姿态俯仰角为−0.785°、偏航角−3.44°，取自该景影像获取期间的原始 POS 观测值。R-D 模型距离向定向残差计算方法与 RCD 模型相同，方位向残差 V_x 的计算通过多普勒公式两边同时乘以系数 $c=\lambda R/(2|V|M_a)$，将其转换为以像点坐标 x 为因变量的显函数形式，通过其线性化后的误差方程计算。不同模型单片定向精度如表 11.3 所示。

表 11.3　不同模型单片定向精度统计

地面点号	P01		P02		P03		P04		P05	
像点坐标	7454	4502	4867	8359	4358	10759	54	12465	662	17916
误差方向	V_x	V_y	V_x	V_y	V_x	V_y	V_x	V_y	V_x	V_y
Leberl F	485.33	7.43	605.23	9.95	684.58	10.75	734.6	11.10	914.93	11.87
R-D	2.75	7.43	−3.10	9.95	−1.97	10.75	−7.57	11.10	−4.85	11.87
R-Cp	175.52	7.43	39.36	9.95	−25.65	10.75	−76.22	11.10	−194.38	11.87
RCD	2.75	7.43	−3.10	9.95	−1.97	10.75	−7.57	11.10	−4.85	11.87

3. 自由网平差

分别以东西向航线、东西-西东对向航班向航线以模型(3.38)进行无控制点自由网区域网平差，得到的结果统计于表 11.4 中定向参数为“状态参数”行、控制点数目为“0”的列中。作为比较，以未进行精化的原始定向参数对区域网中的影像进行立体定位，得到的统计中误差东西向航线平面为 2.73m、高程为 2.35m，对向航线平面为 2.08m，高程为 2.91m。

4. 不同控制点区域网平差

与 11.3 节一样，分别以东西向航线、东西-西东双向航线进行区域网平差，但在测区不同区域分别布设 1～15 个数目不等的地面控制点，考察不同控制点对影像区域网平差精度的影响。其中 1 个控制点置于测区中心位置，4 个控制点时置于靠近测区影像的四角位置，5 个控制点时置于测区中心和四角位置，9、15 个控制点时较均匀分布于测区。结果列于表 11.4“状态参数”行、控制点数目为“1”“4”“5”“9”“15”的列中。

5. 带有自检校参数的机载 SAR 区域网平差

将 RCD 误差方程中的 Δ_{x0}、Δ_{y0} 为传感器的自检校参数，利用模型 3.29，以 11.3 节中相同的数据分别利用 0～15 个控制点进行自由网与区域网平差试验，统计得到的控制检查点精度列于表 11.4“状态参数+自检校参数”栏中。

表 11.4　不同定位模型和方法区域网平差精度统计(单位：m)

	定向参数	控制点数目		0	1	4	5	9	15
东西向航线	状态参数	控制点	平面		0.07	0.51	0.60	1.13	1.31
			高程		0.11	0.44	0.49	0.74	0.97
		检查点	平面	2.19	2.04	1.75	1.69	1.55	1.47
			高程	1.97	1.35	1.21	1.19	1.11	1.00
	状态参数+自检校参数	控制点	平面		0.19	0.39	0.43	1.06	1.31
			高程		0.17	0.33	0.40	0.78	0.93
		检查点	平面	2.14	2.03	1.61	1.58	1.50	1.44
			高程	1.91	1.22	1.10	1.06	1.01	0.95
		最大误差	平面	3.50	2.89	2.37	2.25	2.17	1.95
			高程	3.92	2.33	2.19	2.16	2.05	2.00
对向航线	状态参数	控制点	平面		0.02	0.39	0.42	0.67	0.88
			高程		0.03	0.22	0.27	0.38	0.51
		检查点	平面	1.40	1.31	1.15	1.11	1.02	0.93
			高程	1.61	0.80	0.72	0.72	0.61	0.53
	状态参数+自检校参数	控制点	平面		0.09	0.41	0.49	0.75	0.83
			高程		0.03	0.38	0.40	0.42	0.49
		检查点	平面	1.30	1.17	1.05	0.97	0.92	0.87
			高程	0.59	0.58	0.55	0.53	0.50	0.46
		最大误差	平面	2.30	2.14	2.03	2.06	1.85	1.77
			高程	1.19	1.11	1.02	0.99	0.92	0.89

6. 试验分析

(1) 从基于原始定向参数的 R-D 模型定向结果可以看出，本书试验影像在方位向存在的误差较小，在距离向存在的误差较大。但方位向的标准差要大于距离向标准差，表明影像距离向误差存在较强的系统性，方位向误差存在较大的随机性。

(2) 从定向试验可以看出，当 SAR 影像成像多普勒频率较大时，不同构像模型的定向误差存在非常大的差异，R-D 与 R-P 模型精度最好，且两者定向误差完全相同，R-Cp 模型次之，Leberl F 模型最差。

(3) 在稀少或无地面控制点的情况下，通过平差，平面和高程精度相对于原始定向参数的定位结果均有提高，但相同条件下带有自检校参数的区域网平差精度高于未带自检校参数的区域网平差精度，采用对向观测的 SAR 影像区域网平差精度高于同向航带的 SAR 影像区域网精度。

(4) 随着控制点数目的增加，不同条件下检查点的定位精度也相应提高，但在稀少控制点条件下定位精度的提高并不迅速，分析原因是影像存在较大的随机误差，导致控制点对区域网影像的控制难以远距离传播，控制点对影像的控制范围有限。

(5) 单独东向航线平差时，定位精度不是很理想，分析原因主要是影像选点误差和随机误差对小基高比立体影像的高程影响较大，表明生产应用中还需要在改善成像清晰度和减少影像变形随机误差上作进一步的努力。

(6) 对向条带影像参加平差且采用自检校平差模型时，稀少或无地面控制点的条件下即有较高的精度，表明这种平差方法可以有效消除传感器或成像过程中引入的系统误差，且控制点数目达到 5 个时，满足 1∶5000 和 1∶10000 测图丘陵与山区区域网加密精度要求(国家质量监督检验检疫总局，1992)。

11.3.3　星载 SAR 影像空中三角测量

1. 试验数据

本书以 TerraSAR-X 影像为试验数据。由于 TerraSAR-X 以零多普勒成像，意味着波束中心面与速度方向垂直。因此，此处将姿态参考基准建立在以速度 V 的方向为 X 轴的飞行坐标系上，数学定义如下：

$$\begin{cases} \boldsymbol{X}_V = [(X_V)_X, (X_V)_Y, (X_V)_Z] = \boldsymbol{V}(t) / \|\boldsymbol{V}(t)\| \\ \boldsymbol{Y}_V = [(Y_V)_X, (Y_V)_Y, (Y_V)_Z] = \boldsymbol{P}(t) \times \boldsymbol{V}(t) / \|\boldsymbol{P}(t) \times \boldsymbol{V}(t)\| \\ \boldsymbol{Z}_V = [(Z_V)_X, (Z_V)_Y, (Z_V)_Z] = \boldsymbol{X}_V \times \boldsymbol{Y}_V \end{cases} \tag{11.1}$$

因此，相对于此参考坐标系的姿态值侧滚与偏航角初值均为 0，姿态参考系到地心坐标系的旋转矩阵 $\boldsymbol{R}_V^E$ 可参考 $\boldsymbol{R}_O^E$ 建立。则扫描面法向量为

$$\boldsymbol{i} = \begin{bmatrix} i_X & i_Y & i_Z \end{bmatrix}^{\mathrm{T}} = \boldsymbol{R}_V^E \boldsymbol{R}_b^V \begin{bmatrix} 1 & 0 & 0 \end{bmatrix}^{\mathrm{T}} \tag{11.2}$$

将式(11.2)代入共面方程中，即得地心直角坐标系 R-Cp 方程。

试验采用星载 TerraSAR-X 影像，数据获取于 2009 年 7 月，斜距向采样分辨率为 0.91m，方位向采样分辨率为 2.06m。影像中心地理经纬坐标为(96.3°，32.2°)，位属中国西藏自治区，影像覆盖区域的地面高程在 3500～4500m。影像上有已知坐标的地面点 15 个，通过中国测绘科学研究院一体化测图软件 PixelGrid 对 SPOT5 光学 HRS/HRG 加密方式获得(张力等，2009)。

2. 不同控制点定向定位试验

试验分别采用不同数目和分布的控制点进行，包括 0 个、1 个(中心点)、4 个(角点)、9 个点作为控制点，其余作为检查点。卫星轨道、速度、姿态及姿态稳定度分别按 60m、1m/s、10″、0.5″/s 精度值对轨道姿态精化模型中各参数观测值定权。在定向参数解算过程中，根据误差方程(11.2)直接计算得到定向后控制点和检查点的像点残差，并统计它们的定向精度填于表 11.5 中。

以原始定向参数和精化后的定向参数为基础，结合 PixelGrid 对该区域 SPOT5 光学影像提取的 DEM 数据，将 TerraSAR-X 影像纠正到高斯平面。像点坐标对应的地物点地心直角坐标系坐标(X,Y,Z)的计算，通过式(11.1)联合考虑高程因子的精度无损地球椭球模型(11.3)来进行。

$$\frac{X^2+Y^2}{(A+H)^2}+\frac{Z^2}{(B+H)^2}=1 \tag{11.3}$$

式中，A 为地球椭球的长半轴；B 为地球椭球的短半轴；H 为地面点的高程，从 DEM 数据中提取。对于 WGS84 坐标系，A=6378137.0m，B=6356752.314m。

将计算得到的地面点坐标转换到高斯平面中，并通过重采样技术，实现原始影像的正射纠正。统计 15 个已知点的定位残差，计算相应控制点和检查点的平面定位精度，统计于表 11.5“平面定位精度”栏中。

作为比较，以 R-D 模型为基础，以传感器位置作为未知数，轨道仍采用线性精化模型，速度精化值则根据精化后的轨道对时间求导获得，定权采用袁修孝(2001)中的方法，所得到的相应结果一并统计于表 11.5 中。

图 11.10 所示为采用原始定向参数和采用 1 个控制点时精化得到的定向参数进行正射纠正后 15 个地面点的分布及残差矢量示意图。

表 11.5　单片定向与定位结果统计

	定向未知数	定向残差与定位精度	控制点个数	0	1	4	9
R-Cp	外方位元素	控制点	影像方位向/pix		0.01	0.42	0.99
			影像距离向/pix		0.03	0.49	1.57
			平面定位精度/m		0.05	1.21	3.43
		检查点	影像方位向/pix	3.80	1.45	1.28	1.11
			影像距离向/pix	38.36	2.30	2.19	2.09
			平面定位精度/m	67.96	5.07	4.55	4.33
	定向残差之差极值		Max $\|v_{x1}-v_{x2}\|$/pix	0.00	0.00	0.00	0.00
			Max $\|v_{y1}-v_{y2}\|$/pix	0.00	0.00	0.00	0.00
R-D	轨道	控制点	影像方位向/pix		0.01	0.49	1.12
			影像距离向/pix		0.04	0.53	1.58
			平面定位精度/m		0.07	1.37	3.61
		检查点	影像方位向/pix	3.80	1.44	1.29	1.25
			影像距离向/pix	38.36	2.30	2.20	2.12
			平面定位精度/m	67.96	5.06	4.58	4.53

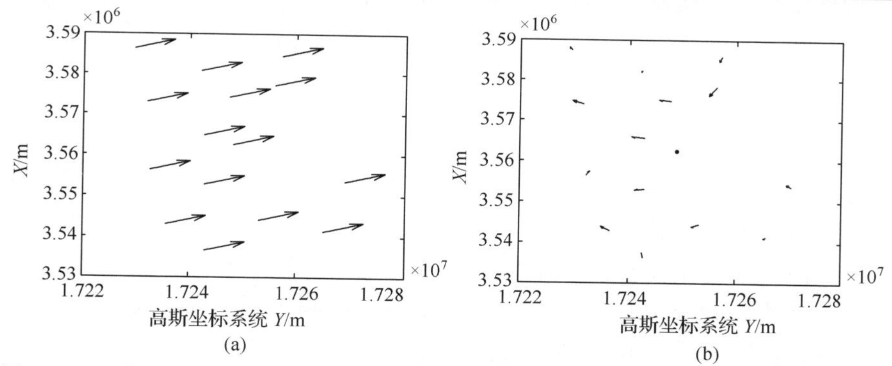

图 11.10　采用原始定向参数和 1 个控制点时控制检查点的分布及定位残差矢量示意图

使用不同控制点均得到相应的定向参数解算值，当采用 1 个和 9 个控制点时，R-Cp 模型各定向参数精化值的绝对值统计于表 11.6 中。

表 11.6　1 个和 9 个控制点时定向参数解算值

	a_0/m	b_0/m	c_0/m	e_0/″	f_0/″	a_1/(m/s)	b_1/(m/s)	c_1/(m/s)	e_1/(″/s)	f_1/(″/s)
1 控制点	13.31	31.14	10.48	1.03	0.54	0.084	0.198	0.066	0.00236	0.00122
9 控制点	4.28	40.01	8.51	3.32	9.20	0.187	0.104	0.506	0.03210	0.03182

3. 定向残差比较试验

采用两种方法计算像点的定向残差：一是直接利用式(11.2)；二是采用如下迭代方法求地面点在原始影像上的像点理论坐标，并比较像点理论坐标与量测坐标间的差异，计算像点的定向残差。

(1) 根据初始行摄影内插相应时刻的外方位元素，即传感器位置和姿态，并根据传感器位置和姿态建立侧视雷达扫描平面方程：$\boldsymbol{i} \cdot (\overline{\mathrm{OP}} - \overline{\mathrm{OS}}) = 0$。

(2) 计算地面点沿着波束中心面法线方向到波束中心面的距离 d。当距离小于给定的阈值时，停止迭代搜索，当前行 x_n 为相应地面点影像行理论坐标 x_1，跳到第(5)步。

(3) 根据点面距离 d 以及影像方位向分辨率 M_a 重新估计地面点对应的像点所在影像行 x_{n+1}：

$$x_{n+1} = x_n + d / M_a \tag{11.4}$$

(4) 根据第 x_{n+1} 行影像时刻内插相应的轨道姿态值，重复开始第(2)步的操作。

(5) 根据地面点坐标和相应影像行摄影时刻传感器位置，计算像点理论列坐标 y_1。

$$y_1 = \left[\sqrt{(X - X_s)^2 + (Y - Y_s)^2 + (Z - Z_s)^2} - R_0 \right] / M_r \tag{11.5}$$

以得到的精化后定向参数为基础，按上述迭代的方法求解地面点对应像点坐标的理论值 (x_1, y_1)，理论值和测量值间的差异为定向残差 v_{x1} 与 v_{y1}。同时，根据式(11.5)计算所有地面点的定向残差 v_{x2} 与 v_{y2}，将这两种方法获得的像点量测误差相减取绝对值 $|v_{x1}-v_{x2}|$ 与 $|v_{y1}-v_{y2}|$，将其最大值统计于表 11.5 “Max$|v_{x1}-v_{x2}|$” 和 “Max$|v_{y1}-v_{y2}|$” 栏中。

4. 试验分析

本书的数据处理试验虽较简单，但涉及影像定位摄影测量平差算法的基本内容，主要试验验证的内容及结论如下。

(1) R-Cp 模型在使用无控制点条件下的原始定向参数进行定位时，高山地区影像平面定位精度达到 68m，且方位(沿轨)向精度明显高于距离向精度。在有 1 个控制点的情况下，影像定位精度即得到大幅度提高，精度达到 5.1m。随着控制点数目的增加，精度仍有所提高，但提高的速度较慢。试验表明，有 1 个控制点时，平面定位精度达到 1∶10000 高山地区数字正射影像图测绘行业标准要求的图上 0.75mm(平面 7.5m)精度要求(国家测绘地理信息局，2010)。

(2) 本书试验中，在无控制点的情况下，TerraSAR-X 影像 R-Cp 模型与 R-D 模型精度是相同的，在少量控制点的条件下，R-Cp 模型与 R-D 模型精度基本一致，在控制点数目较多时，R-Cp 模型定位精度略优于 R-D 模型。

(3) 采用改进后的误差方程计算得到的各已知点定向残差与通过迭代方法计算得到的定向残差是完全相同的，表明本书像点坐标显函数形式的 R-Cp 几何构像模型是正确的，计算残差能够反映测量误差的大小，表明其在定向参数解算过程中可以用于像点量测粗差的探测，有利于粗差的发现，同时也表明根据像点量测精度对 R-Cp 方程的误差方程的定权是合理的。

(4)星载 SAR 影像 R-Cp 误差方程的法方程矩阵条件数远大于 1000，而大于该值被认为存在严重相关性(Dunn,1959)。通常，星载影像对地定位严密模型的解算通常对地面控制点最少数目有明确要求，即使在大量控制点条件下，因方位元素间的强相关性会导致定向参数解算值与原始初值有很大的偏离，甚至无解。图 11.7 表明本书建立的定位模型解决了稀少控制点影像定位中的两个基本问题，既实现了稀少控制点条件下众多定向参数的解算，又克服了定向参数间的强相关性。

(5)遥感影像严密定位的关键均是实现影像的精确定向，表明本书改进的构像方程和构建的联合平差模型，以及相应的技术和方法可以应用或借鉴到稀少控制点雷达遥感影像立体定位、区域网平差等雷达遥感影像对地定位数据处理中。

11.4 SAR 影像制作 DEM 产品

本节主要介绍利用机载 InSAR 数据制作 DEM 产品的情况，采用四川若尔盖综合试验区 0.5m 分辨率和 2.5m 分辨率的机载数据，分别制作满足 1∶5000、1∶10000、1∶50000 测图精度要求的 DEM 产品。

11.4.1 1∶5000 DEM 产品制作

利用若尔盖实验区 X 波段机载双天线干涉 SAR 数据制作 1∶5000 比例尺的 DEM，数据分辨率为 0.5m，通过干涉图滤波、去平地效应、相位解缠、基线估计、相高转换、地理编码等处理，生产单景的 DEM 数据，再通过拼接和裁剪生产 DEM 产品，DEM 分辨率为 2.5m。图 11.11 为图幅 I48H110024 的 DEM 产品示意图。表 11.7 所示为 1∶5000 DEM 精度检测表。

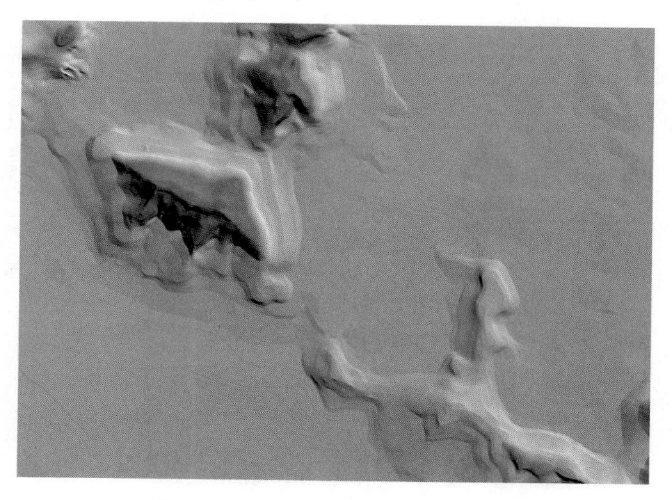

图 11.11 I48H110024 渲染 DEM

利用野外测量的检测点，对 DEM 的精度进行检测，该图幅地形类别为平地，利用 15 个检测点，中误差为 0.15m，小于测图规范要求的限值 0.5m。

表 11.7　1∶5000 DEM 精度检测表(单位：m)

点号	高程检测值	野外测量高程值	差值
	H_1	H_2	d_h
001	3432.8	3432.6	0.2
002	3432.1	3432.1	0.0
003	3431.0	3431.2	−0.2
004	3431.3	3431.4	−0.1
005	3430.3	3430.5	−0.2
006	3431.1	3431.2	−0.1
007	3431.0	3431.1	−0.1
008	3430.8	3430.9	−0.1
009	3430.6	3430.9	−0.3
010	3431.0	3431.3	−0.3
011	3431.3	3431.4	−0.1
012	3431.1	3431.5	−0.4
013	3431.1	3431.2	−0.1
014	3434.6	3434.5	0.1
015	3432.8	3433.1	−0.3

11.4.2　1∶10000 DEM 产品制作

利用机载双天线干涉 SAR 数据，数据分辨率为 0.5m，通过相关干涉处理，生产单景的 DEM 数据，再通过拼接和裁剪生产 DEM 产品，DEM 分辨率为 5.0m。图 11.12 显示了图幅号为 I48G059017 的 1∶10000 DEM 产品示意图。表 11.8 为 1∶10000 DEM 精度检测表。

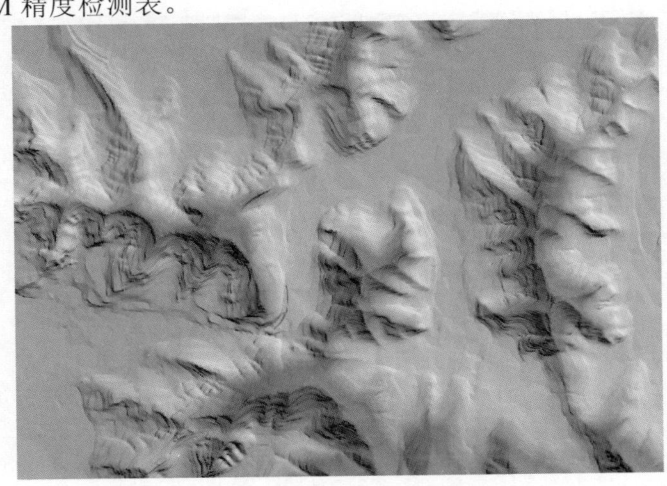

图 11.12　I48G059017 渲染 DEM

利用野外测量的检测点，对 DEM 的精度进行检测，针对图幅 I48G059017，地形类别为山地，利用 16 个检测点，中误差为 1.5m，小于测图规范要求的限值 3.3m。

表 11.8　1：10000 DEM 精度检测表(单位：m)

点号	高程检测值	野外测量高程值	差值
	H_1	H_2	d_h
001	3540.8	3542.6	−1.8
002	3564.5	3562.6	1.9
003	3548.6	3547.7	0.9
004	3534.3	3533.9	0.4
005	3527.3	3530.6	−3.3
006	3514.0	3514.3	−0.3
007	3520.3	3524.1	−3.8
008	3541.3	3542.1	−0.8
009	3499.6	3496.8	2.8
010	3469.1	3465.9	3.2
011	3465.3	3465.2	0.1
012	3450.6	3451.5	−0.9
013	3464.6	3463.9	0.7
014	3478.3	3477.6	0.7
015	3479.5	3481.0	−1.5
016	3511.1	3512.3	−1.2

11.4.3　1：50000 DEM 产品制作

利用机载双天线干涉 SAR 数据，数据分辨率为 2.5m，通过相关干涉处理，生产单景的 DEM 数据，再通过拼接和裁剪生产 DEM 产品，DEM 分辨率为 25.0m。图 11.13 显示了图幅号为 I48E015004 的 1：50000 DEM 产品示意图。表 11.9 为 1：50000 DEM 精度检测表。

图 11.13　I48E015004 渲染 DEM

利用野外测量的检测点，对 DEM 的精度进行检测，该地形类别为高山地，利用 20 个检测点，中误差为 1.3m，小于 1∶50000 测图规范要求的限值 19m。

表 11.9 1∶50000 DEM 精度检测表(单位：m)

点号	高程检测值	野外测量高程值	差值
	H_1	H_2	d_h
001	3458.3	3458.2	0.1
002	3441.8	3443.2	−1.4
003	3433.9	3435.1	−1.2
004	3434.9	3435.8	−0.9
005	3432.1	3436.4	−4.3
006	3449.7	3449.7	0.0
007	3444.6	3444.7	−0.1
008	3445.7	3446.1	−0.4
009	3458.1	3458.0	0.1
010	3435.5	3435.7	−0.2
011	3438.3	3441.1	−2.8
012	3464.3	3465.9	−1.6
013	3434.7	3435.1	−0.4
014	3434.6	3434.9	−0.3
015	3434.7	3434.6	0.1
016	3442.6	3443.0	−0.4
017	3498.7	3498.8	−0.1
018	3459.8	3462.8	−3.0
019	3463.5	3465.4	−1.9
020	3442.4	3443.7	−1.3

11.5 SAR 影像制作 DOM 产品

11.5.1 1∶5000 DOM 产品制作

利用若尔盖实验区的机载 X 波段干涉 SAR 数据和 P 波段的极化 SAR 数据制作 DOM 产品。X 波段数据分辨率为 0.5m，利用 DEM 产品进行逐幅影像纠正，生产单景 DOM，然后通过拼接和裁剪生产 DOM 产品。P 波段数据分辨率为 1.0m，先将多极化数据进行合成，形成伪彩色数据，然后进行纠正、拼接和裁剪形成 DOM 产品。DOM 产品分辨率为 0.5m，图 11.14 所示为图幅 I48H110024 的 1∶5000 比例尺 DOM 产品，包括 X 波段和 P 波段两个波段的数据。

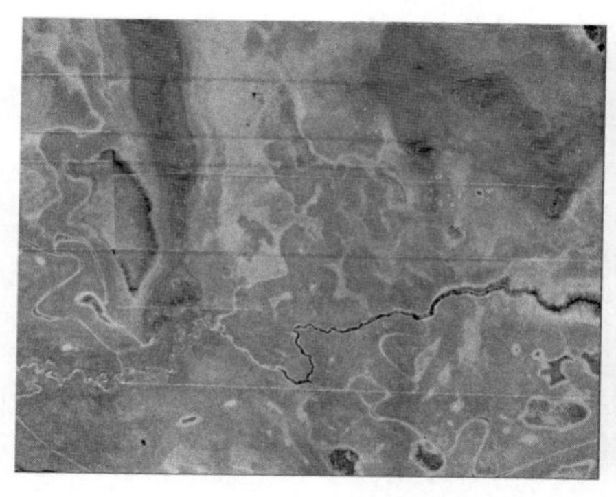

(a) X 波段

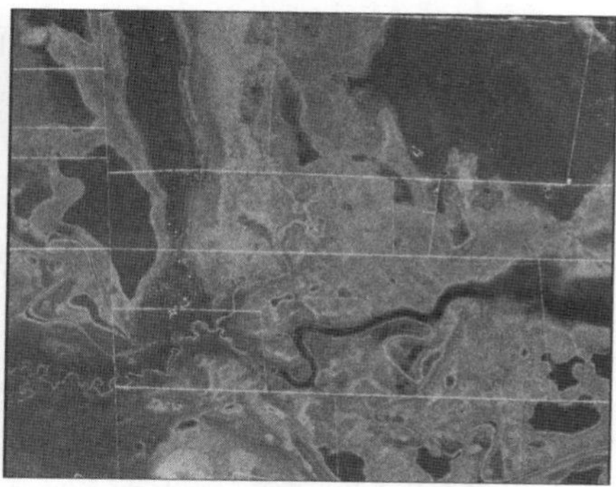

(b) P 波段

图 11.14　图幅 I48H110024 DOM 产品

利用野外测量的图幅检查点检测 DOM 平面精度，该图幅地形类别为平地，1∶5000 测图规范要求平地地区 DOM 平面中误差小于 2.5m。检测结果如表 11.10 所示，统计得到平面中误差为 1.7m，满足测图规范的精度要求。

表 11.10　1∶5000 DOM 精度检测表(单位：m)

序号	坐标检测值		野外测量坐标值		差值		
	X_1	Y_1	X_2	Y_2	d_x	d_y	d_s
001	7223.9	3172214.7	7223.9	3172214.0	0.0	0.7	0.7
002	7227.1	3172136.9	7225.3	3172136.0	1.8	0.9	2.0
003	7134.8	3172061.3	7135.7	3172063.3	−0.9	−2.0	2.2
004	7071.9	3172012.6	7070.5	3172013.8	1.4	−1.2	1.9
005	6994.9	3171935.7	6994.8	3171936.8	0.1	−1.0	1.0
006	6913.0	3171899.7	6912.0	3171898.8	0.9	1.0	1.3
007	6807.0	3171893.8	6807.9	3171893.9	−0.9	−0.1	0.9
008	6704.0	3171875.5	6704.9	3171874.8	−0.9	0.7	1.2
009	6599.0	3171842.1	6599.6	3171842.2	−0.6	−0.1	0.6
010	6870.3	3171542.2	6870.1	3171542.1	0.2	0.1	0.2
011	6792.1	3171588.9	6791.2	3171590.1	0.9	−1.1	1.5
012	6707.1	3171648.2	6707.2	3171648.8	−0.1	−0.6	0.6
013	6617.6	3171732.7	6617.7	3171732.9	−0.1	−0.2	0.3
014	7478.6	3173103.3	7477.7	3173102.4	0.9	0.9	1.2
015	7431.5	3172386.0	7430.5	3172387.6	0.9	−1.5	1.8

11.5.2　1∶10000 DOM 产品制作

利用机载 X 波段干涉 SAR 数据和 P 波段极化 SAR 数据制作 1∶10000 DOM 产品。X 波段数据分辨率为 0.5m，利用 DEM 产品进行逐幅影像纠正，生产单景 DOM，然后通过拼接和裁剪生产 DOM 产品。P 波段数据分辨率为 1.0m，先将多极化数据进行合成，形成伪彩色数据，然后进行纠正、拼接和裁剪形成 DOM 产品。图 11.15 所示为图幅 I48G059017 的 DOM 产品，包括 X 波段和 P 波段两个波段的数据，分辨率为 1.0m。

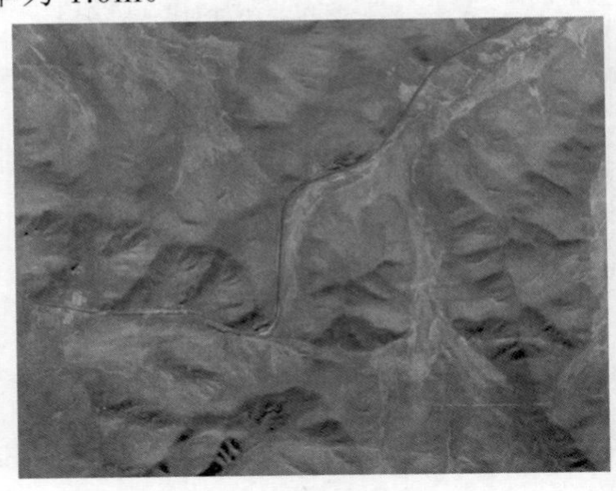

(a) X 波段

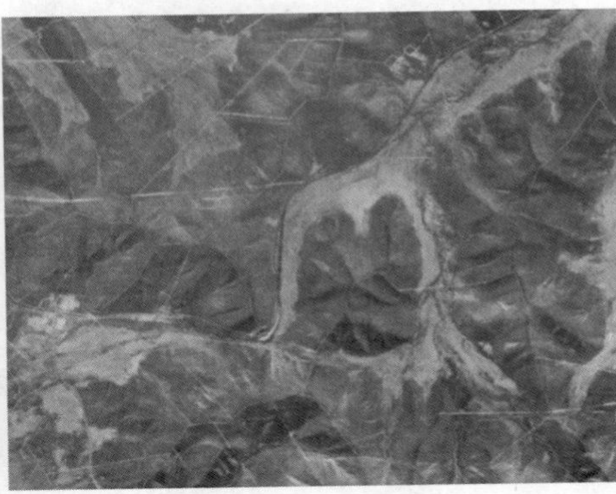

(b) P 波段

图 11.15　图幅 I48G059017 DOM 产品

利用野外测量的图幅检查点检测 DOM 平面精度，该图幅地形类别为山地，1∶10000 测图规范要求山地地区 DOM 平面中误差小于 7.5m。检测结果如表 11.11 所示，统计得到中误差为 3.2m，DOM 产品数据满足测图规范的精度要求。

表 11.11　1∶10000 DOM 精度检测表（单位：m）

序号	坐标检测值		野外测量坐标值		差值		
	X_1	Y_1	X_2	Y_2	d_x	d_y	d_s
001	15044.0	3134732.2	15043.1	3134731.7	0.9	0.5	1.0
002	15438.2	3135891.2	15438.9	3135893.8	−0.7	−2.6	2.7
003	15819.7	3136358.8	15818.1	3136359.7	1.6	−0.9	1.9
004	16138.5	3136436.7	16138.4	3136434.3	0.2	2.4	2.4
005	16661.1	3136879.6	16658.7	3136876.1	2.4	3.5	4.3
006	16750.1	3137422.0	16748.1	3137419.3	2.0	2.7	3.3
007	14149.4	3137849.4	14146.6	3137850.2	2.8	−0.8	2.9
008	13575.1	3133448.6	13575.5	3133448.6	−0.4	0.0	0.4
009	13863.8	3134687.5	13863.1	3134686.5	0.7	1.0	1.2
010	15039.3	3134725.2	15043.1	3134731.7	−3.8	−6.5	7.5
011	15436.9	3135892.3	15438.9	3135893.8	−2.1	−1.5	2.5
012	16137.3	3136431.4	16138.4	3136434.3	−1.1	−2.9	3.1
013	16745.3	3137415.6	16748.1	3137419.3	−2.9	−3.7	4.7
014	13454.9	3137539.7	13453.9	3137537.5	1.0	2.2	2.5
015	13581.9	3133450.4	13575.5	3133448.6	6.4	1.8	6.7
016	13260.8	3134606.5	13260.1	3134606.4	0.8	0.0	0.8
017	13857.3	3134684.7	13863.1	3134686.5	−5.9	−1.8	6.1

11.5.3　1∶50000 DOM 产品制作

1∶50000 DOM 产品制作同样利用机载 X 波段干涉 SAR 数据和 P 波段的极化 SAR 数据，X 波段数据分辨率为 2.5m，利用 DEM 产品进行逐幅影像纠正，生产单景 DOM，然后通过拼接和裁剪生产 DOM 产品。P 波段数据分辨率为 2.5m，先将多极化数据进行合成，形成伪彩色数据，然后进行纠正、拼接和裁剪形成 DOM 产品。图 11.16 所示 DOM 产品包括 X 波段和 P 波段两个波段的数据。

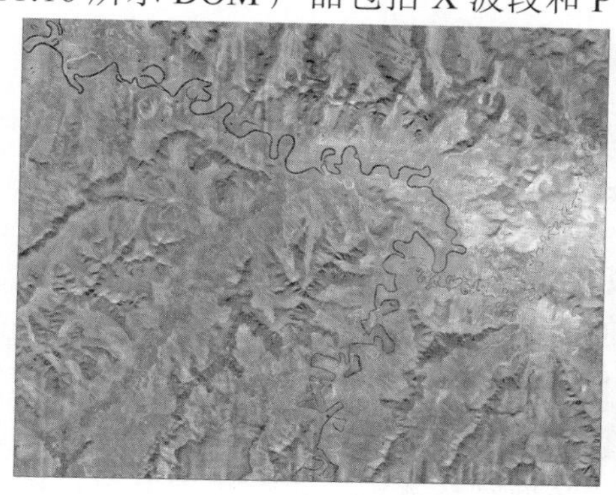

(a) X 波段

(b) P 波段

图 11.16　图幅 I48E015004 DOM 产品

利用野外测量的图幅检查点检测 DOM 平面精度，该图幅地形类别为山地，1∶50000 测图规范要求山地地区 DOM 平面中误差小于 37.5m。检测结果如表 11.12 所示，统计得到中误差为 3.3m，DOM 产品数据满足测图规范的精度要求。

表 11.12　1∶50000 DOM 精度检测表(单位：m)

序号	坐标检测值		野外测量坐标值		差值		
	X_1	Y_1	X_2	Y_2	d_x	d_y	d_s
001	12039.5	3141128.2	12037.4	3141129.1	2.0	−0.9	2.2
002	11830.5	3141715.7	11827.8	3141714.8	2.8	1.0	2.9
003	11741.9	3140631.7	11743.6	3140628.2	−1.6	3.5	3.8
004	11114.2	3140308.4	11118.8	3140307.9	−4.6	0.5	4.6
005	11033.4	3139610.1	11032.4	3139612.6	1.0	−2.5	2.7
006	10621.7	3139171.4	10621.4	3139173.1	0.4	−1.7	1.7
007	10257.3	3138353.0	10257.9	3138356.0	−0.5	−3.0	3.0
008	10125.8	3138667.2	10128.4	3138667.2	−2.6	0.0	2.6
009	8045.6	3140934.1	8043.7	3140933.6	1.9	0.5	2.0
010	7080.1	3141056.0	7078.7	3141057.5	1.4	−1.4	2.0
011	8535.1	3142046.2	8540.8	3142044.9	−5.7	1.3	5.9
012	7270.2	3140321.2	7270.2	3140319.5	0.0	1.8	1.8
013	7180.4	3139939.7	7176.8	3139939.7	3.6	0.0	3.6
014	7843.3	3139037.4	7844.3	3139038.9	−0.9	−1.5	1.8
015	7924.3	3138345.6	7925.6	3138348.1	−1.3	−2.6	2.9

续表

序号	坐标检测值		野外测量坐标值		差值		
	X_1	Y_1	X_2	Y_2	d_x	d_y	d_s
016	9626.6	3136845.8	9631.4	3136844.2	−4.8	1.6	5.0
017	10262.5	3136323.5	10264.7	3136324.5	−2.2	−1.0	2.4
018	9257.3	3135873.8	9258.1	3135874.6	−0.8	−0.8	1.2
019	8845.7	3136823.0	8842.3	3136823.2	3.4	−0.3	3.5
020	7733.8	3136772.4	7735.6	3136771.7	−1.8	0.7	1.9

11.6　SAR 影像制作 DLG 产品

11.6.1　星载 SAR 1∶50000 DLG 产品制作

测图数据为RADARSAT-2升降轨SAR立体像对数据，采用基于简单变换的SAR立体模型制作方法制作立体模型，进行地形图要素采集，制作 1∶50000 标准分幅星载 SAR DLG 产品。利用升降轨两个侧视的立体模型进行互补，补偿叠掩导致的信息缺失。测图区域位于云南德钦县一带，测区最小高程低于 2000m，最大高程高于 4000m，高差超过 2000m，地形陡峭，大片区域常年冰雪覆盖。采用 RADARSAT-2 升降轨立体像对构建立体模型，升轨立体像对左右影像编号 RD2010000880、RD2010000867，成像时间为 2009 年 12 月 25 日、2009 年 11 月 21 日，极化方式为 HH；降轨立体像对左右影像编号 RD2010000952、RD2010000931，成像时间为 2009 年 12 月 26 日、2009 年 11 月 22 日，极化方式为 HH。影像结合图如图 11.17 所示。

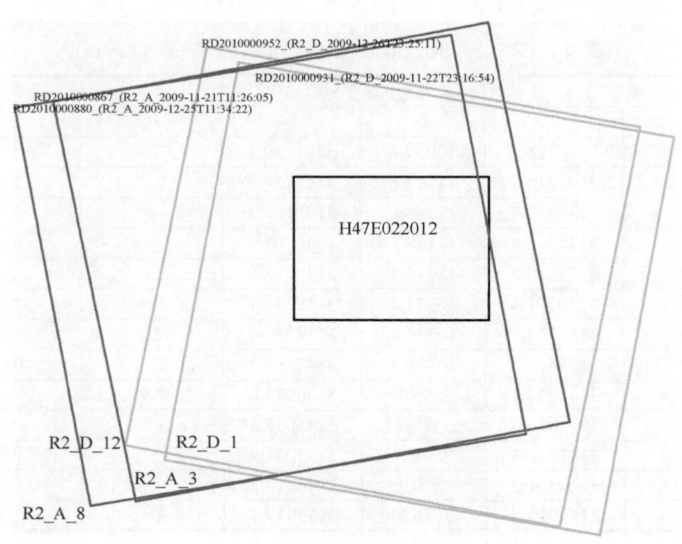

图 11.17　RADARSAT-2 升降轨立体像对结合图

采集之前，利用野外控制点对升轨立体模型精度进行了检验。对照外业控制点注记在立体模型下，采集相应目标点，获取地理坐标，与野外点地理坐标对比，检查立体模型精度。其误差如表 11.13 所示。

表 11.13　立体模型误差(单位：m)

点号	d_x	d_y	d_z	d_s
P853A020H	13.8	1.3	5.5	13.8
P853A019A	4.2	−7.2	−4.8	8.3
P853A018A	11.0	−3.4	0.1	11.5
P853A017H	−0.9	−10.2	−3.2	10.3
P853A014A	−10.2	8.9	−5.5	13.6
P853A011B	7.0	2.8	4.5	7.5
P853A016A	6.3	−1.3	2.1	6.4
DOM28	−1.0	−0.4	−1.8	1.1
DOM25	−3.1	−2.4	5.4	3.9
DOM23	−0.3	−9.4	−2.9	9.4
DOM19	6.5	−1.0	2.9	6.6
DOM17	6.2	−7.3	−3.0	9.6
DOM15	−6.1	−0.3	5.4	6.1
DOM09	3.9	−2.7	−4.6	4.7
DOM08	0.9	−3.4	0.8	3.5
DOM06	−11.5	3.9	5.9	12.2
DOM05	−0.4	−0.5	−3.9	0.7
DOM04	−0.9	−0.3	−1.3	0.9
DOM03	0.6	3.1	0.7	3.1
DEM03	−1.1	−0.1	1.0	1.1
R007	6.3	−1.9	−5.7	6.6
P853A017A	24.5	0.0	−8.9	24.5
P853A013A	5.9	0.0	8.7	5.9
P853A012A	11.6	10.0	6.1	15.3
P853A011H	3.9	18.5	7.3	18.9
P853A015A	−1.4	6.8	−9.5	6.9
DOM31	4.3	0.8	−7.0	4.4
DOM24	−8.3	0.5	6.2	8.3
DOM21	8.0	−1.5	6.0	8.1
DEM02	−3.3	−3.0	−10.9	4.4
DEM01	10.4	−6.0	−8.0	12.0
DOM29	17.5	−0.3	12.3	17.5
DOM27	14.2	−6.0	−14.5	15.4
DOM13	13.1	0.0	−14.2	13.1
DOM10	16.7	−26.2	−13.2	31.1

统计模型量测精度，共有 35 个检查点参与计算，得到平面中误差为 11.4m，高程中误差为 6.9m。利用上述 RADARSAT-2 升降轨立体模型，进行 DLG 要素采集，得到测图成果，图 11.18 为 RADARSAT-2 升降轨立体模型局部等高线，图 11.19 为 RADARSAT-2 升降轨立体模型全要素 DLG 产品。

图 11.18　RADARSAT-2 升降轨立体模型局部等高线

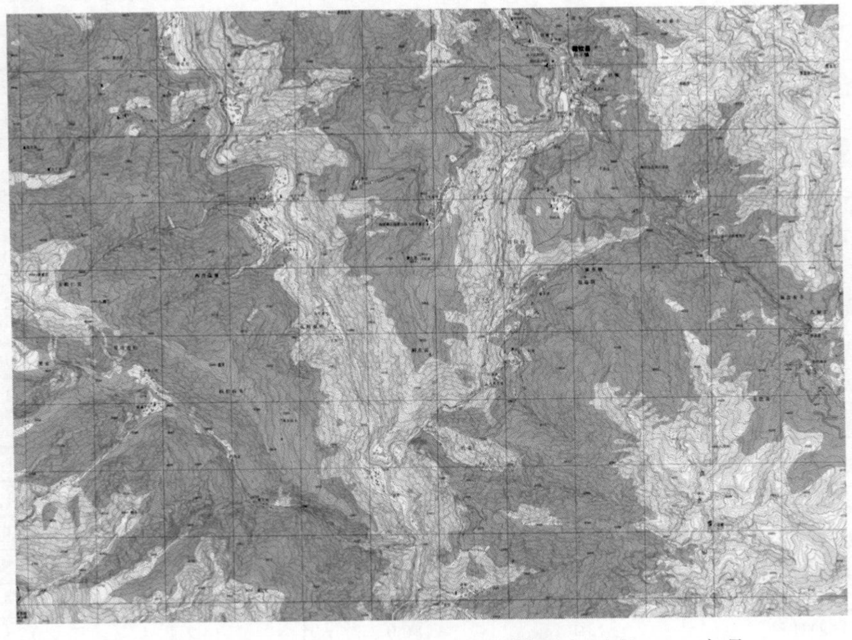

图 11.19　RADARSAT-2 升降轨立体模型全要素 DLG 产品

11.6.2　机载 SAR 1：50000 DLG 产品制作

试验采用了基于简单变换的 SAR 立体模型制作方法，由四川测绘局完成测图生产。测图区域位于四川省阿坝藏族羌族自治州东北部松潘县一带，覆盖两个 1：50000 图幅。为实现多侧视互补，测图采用了南北两个侧视方向机载 X 波段立体数据，数据由 CASMSAR 系统获取，影像分辨率为 2.5m，航高约 10000m，相邻航带重叠度为 50%～70%。其中北侧视选取了 11 个条带，利用不同条带的影像组合成立体像对，相同条带立体像对为一组，共组成 7 组立体模型，条带立体模型范围如图 11.20 所示。

南侧视利用 12 个条带的数据，各条带组成 8 组立体模型，条带立体模型范围如图 11.21 所示。

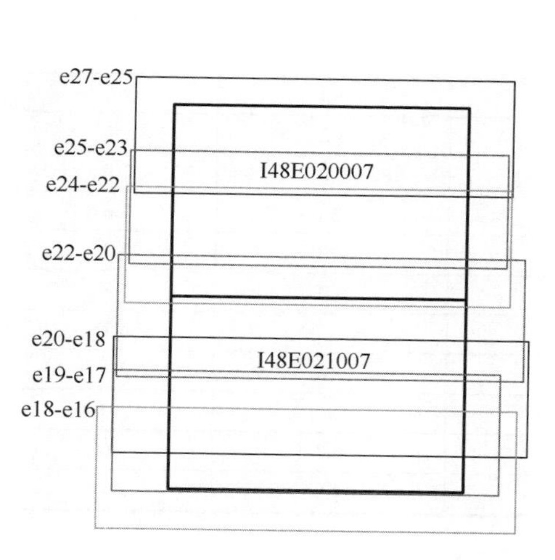

图 11.20　北侧视方向数据结合图

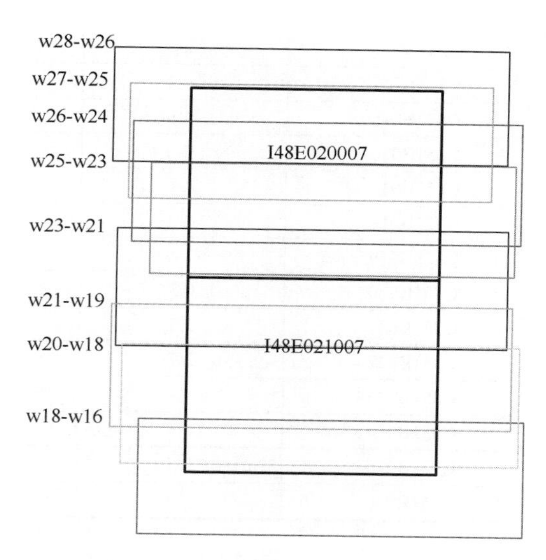

图 11.21　南侧视方向数据结合图

利用以上数据，采用基于简单变换的 SAR 立体模型制作方法，制作测图立体模型，为保证测图精度，利用野外控制点对立体模型精度进行了检验。检验方法是根据野外测量点之记在立体模型上量测相应点的地理坐标，和野外实测点对照，计算坐标误差值。北侧视立体模型误差如表 11.14 所示，总共 26 个外业检查点，统计得到平面中误差为 6.1m，高程中误差为 7.1m。南侧视立体模型误差如表 11.15 所示，26 个外业检查点中 7 个点由于影像不清晰立体模糊，未参加精度统计，最终精度平面中误差为 8.5m，高程中误差为 5.8m。

表 11.14　北侧视方向模型坐标误差(单位：m)

点号	d_x	d_y	d_h	d_s
C851B001	2.8	1.9	0.8	3.4
C851B002	−1.4	−0.6	−1.1	1.6
C851B003	1.0	−1.3	−1.4	1.6
C851B004	4.4	9.2	11.8	10.2
C851B005	−2.8	−0.8	1.6	2.9
C851B006	2.8	5.1	6.0	5.8
C851B007	2.2	1.8	1.3	2.8
C851B008	−1.6	−1.6	3.1	2.2
C851B009	−1.7	5.4	11.6	5.7
C851B010	0.0	0.4	2.4	0.4
C851B011	4.2	1.3	−3.1	4.4
C851B012	8.9	−0.6	−2.9	9.0
C851B013	2.4	2.4	6.2	3.4
C851B014	−0.3	13.0	10.4	13.0
C851B015	−1.0	3.7	3.2	3.8
C851B016	−3.0	−8.5	−6.8	9.0
C851B017	2.4	−0.2	8.2	2.4
C851B018	−1.1	2.8	5.0	3.0
C851B019	−0.8	−5.6	−5.0	5.6
C851B020	0.3	−7.3	−2.0	7.3
C851B021	2.3	7.4	8.7	7.8
C851B022	3.7	1.7	−14.8	4.1
C851B023	−2.2	5.0	7.0	5.4
C851B024	0.9	11.0	13.3	11.0
C851B025	0.5	6.6	9.3	6.6
C851B026	−3.0	0.4	4.5	3.1

表 11.15　南侧视方向模型坐标误差(单位：m)

点号	d_x	d_y	d_h	d_s
C851B001	−0.3	2.1	1.1	2.1
C851B002	0.3	1.3	−0.2	1.4
C851B003	1.8	4.1	−1.4	4.4
C851B004	−5.2	−2.4	1.3	5.7
C851B005	−0.3	−0.9	7.0	0.9
C851B006	1.6	−2.2	5.2	2.7
C851B007	3.8	9.9	−4.1	10.6
C851B008	3.4	5.3	−1.2	6.3
C851B009	5.1	17.8	0.0	18.5

续表

点号	d_x	d_y	d_h	d_s
C851B010	−13.1	−7.2	6.6	15.0
C851B011	4.9	−5.6	7.1	7.4
C851B012	−5.2	−1.3	5.2	5.3
C851B013	7.2	−5.7	3.0	9.2
C851B014	−1.3	9.2	−12.9	9.3
C851B015	−1.8	2.4	4.0	3.0
C851B017	3.6	9.6	−12.0	10.3
C851B018	0.3	47.6	−79.7	47.7
C851B019	0.2	8.8	1.9	8.8
C851B020	−1.0	10.2	−38.9	10.2
C851B021	−1.3	−3.8	2.4	4.0
C851B022	2.4	3.7	6.9	4.5
C851B023	34.5	34.3	4.5	48.6
C851B024	4.9	5.5	7.0	7.4
C851B025	8.9	−10.9	11.2	14.1
C851B026	2.2	20.3	−11.1	20.4

精度检测结果表明，立体模型能够满足 1∶50000 测图精度要求。利用上述机载 SAR 立体模型，进行 DLG 要素采集，利用两个侧视的数据互补采集，对叠掩区域的信息缺失进行补偿，如图 11.22 所示为机载 SAR 立体模型局部等高线，图 11.23 所示为机载 SAR 立体模型全要素 DLG 产品。

图 11.22　机载 SAR 立体模型局部等高线

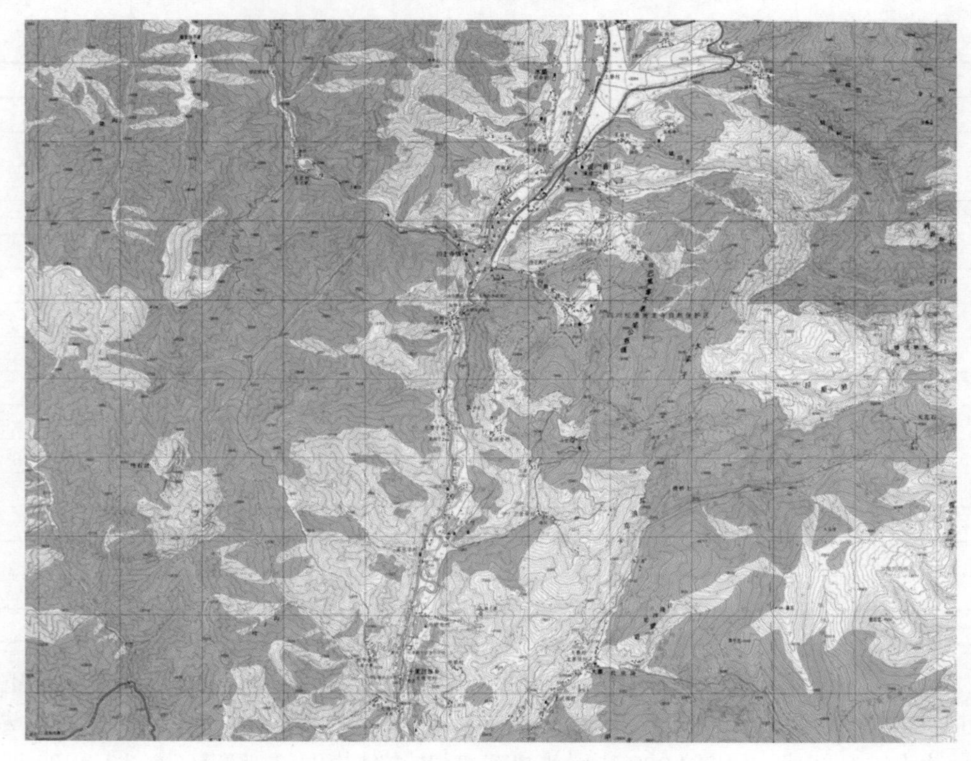

图 11.23　机载 SAR 立体模型全要素 DLG 产品

第 12 章　SAR 森林植被覆盖监测应用示范

目前国内外已开展了大量的星载/机载 SAR 森林植被覆盖监测应用技术研究，但由于 SAR 数据源总体上要远远少于光学遥感数据，SAR 影像因地形引起的几何、辐射畸变较大，存在斑点噪声现象等，SAR 遥感技术在森林植被覆盖监测上的应用还主要处于研究阶段。针对森林植被覆盖监测的主要业务需求，以国内可获取的卫星和机载 SAR 数据为主要数据源，开展 SAR 森林植被覆盖监测应用示范，以应用实例的形式展示 SAR 遥感技术的应用方向和效果，将有利于 SAR 遥感技术在森林植被监测相关业务中的推广应用。首先介绍 SAR 森林植被覆盖监测的应用概况，然后介绍 4 个 SAR 森林覆盖监测应用示范实例，分别是多时相星载多极化 SAR 林地类型分类、高分辨率机载极化 SAR 森林类型分类、高分辨率机载干涉 SAR 森林树高估测和高分辨率机载极化 SAR 森林地上生物量估测。

12.1　SAR 森林植被覆盖监测应用概况

SAR 森林植被覆盖遥感监测的主要应用方向可概括为两大类：一是林地及森林类型分类制图；二是森林垂直结构信息提取。前者要回答的是林地及森林资源类型及其空间分布问题；后者要回答的是森林资源的多少及在哪里分布问题。下面分别就这两个内容介绍相关 SAR 应用技术的发展和应用概况。

12.1.1　SAR 林地及森林类型分类制图

准确地对林地类型、森林类型或优势树种(组)空间分布进行制图，对提高森林资源的经营管理水平具有非常重要的意义。纵观国外相关文献及我国森林资源遥感调查现状，林地及森林类型的制图主要是采用高分辨率的光学遥感影像进行，主要手段是目视解译，或者是计算机辅助下的目视解译。以 SAR 为主要数据源的林地类型、森林类型制图技术，虽然国内外已有很多研究，但在相关行业中的业务化应用还很不深入。

利用极化 SAR 进行林地类型的分类一般只能区分大的地类，对森林类型的细分还比较困难。Hoekman 和 Quiriones(2000)利用机载 AirSAR 的全极化数据，采用分层分类算法成功将哥伦比亚亚马孙丛林分为陆地、森林和水域三种类型；Quegan 等(2000)探讨了 ERS 和 JERS SAR 重复轨道的干涉相干性对森林干扰区域的探测方法；Rosenqvist 等(2004)采用 ERS 串行干涉相干性和 JERS-1 后向散射强度影像进行大面积北方森林制图；Li 和 Pang(2005)利用 ENVISAT 和 ERS SAR 影像对中国东北森林进行了分布制图；廖静娟和邵芸(2000)利用多参数机载全球雷达(GlobeSAR)数据和航天飞机成像雷达数据，进行了我国南北两个试验区的森林识别与分类，以及蓄积量的估测；白黎娜等(2003)利用 ESR-1 和 ERS-2 串行轨道数据经干涉处理，其强度影像和相干影像可以合成多种干涉测量土地利用影像，其中最小值影像和标准差影像可以很好地区分水体和森林。李增元等(2003)利用 InSAR 影像进行大区域森林制图技术研究，成功地对我国东北三省的大部分森林进行了识别和制图；范立生等(2005)提出了极化散射矩阵总功率、极化熵、相似性参数的组合表达式，该表达式对森林地区的特征敏感，可用来检测森林区域。

在森林类型的细分方面也有很多学者做了相关的工作。Rignot 和 Williams(1994)利用两个频率交叉极化数据，使用最大后验概率的分类方法区分了阿拉斯加的不同森林类型，同时得到了超过 90%的正确率；Wegmuller 和 Werner(1995)较早地讨论了利用 InSAR 进行森林监测和制图的潜力，表明该技术可以区分森林和非森林，甚至得到的干涉相干和后向散射强度特征可以从一定程度上来区分更为细致的森林类型；Chen 等研究分析了用三种不同方法进行森林分类，以及不确定的地面条件、气候条件对分类结果的影响；Lee 等(2005)提出将 PolInSAR 技术应用到 L 波段影像森林类型识别中，引入极化干涉相干 T6 矩阵和最优相干系数，在有先验知识的情况下，可以很好地识别出针叶林和阔叶林及其生长阶段，总体分类精度可达到 64.54%；Motofumi 基于 Freeman 分解最新提出了一种改进的自适应模型 SAR 分解方法，不仅提供了树冠的相对强度、二面角散射和表面散射，还估计了树冠的随机散射度及平均定向角度，并且用实验验证了针叶林和阔叶林在不同波段所呈现出的不同随机散射度与平均定向角度，这一研究成果在识别森林类型方面有较好的发展前景；陈尔学等(1999)利用 SIR-C L-VV 干涉测量数据，通过单时相 SAR 强度影像和相干影像的对比、相应直方图的对比，说明了综合利用 SAR 干涉像对强度信息和相干信息可以最大限度地挖掘 SAR 数据用于植被识别的潜力，提高植被识别的精度。

综上所述，为了提高利用 SAR 进行林地类型及森林类型细分的精度，应该从以下两个方面入手：一是应该利用 SAR 可在短期内获取多时相遥感数据的特点，从不同地物和植被类型特有的时变遥感特征(后向散射强度特征、干涉相关性特征)上对它们进行分类制图；二是应尽量采用高空间分辨率的极化 SAR 数据，充分利用高空间分辨率带来的纹理信息(纹理特征)和极化 SAR 数据的极化信息(极化特征)，将有利于地物类别的细分和精度的提高。后面将针对这两个方面，分别给出 SAR 用于林地及森林类型分类的实例。

12.1.2 SAR 森林垂直结构信息提取

森林垂直结构信息通常包括森林树高、蓄积量与地上生物量等。可将 SAR 森林垂直结构信息提取方法概括为三类：传统的 SAR 森林垂直结构参数估测、极化干涉SAR森林树高反演和干涉层析SAR森林垂直结构信息提取。下面将分别介绍这三类方法。

1. 传统的SAR森林垂直结构参数估测

Rauste(2005)应用夏季时相三景JERS影像估测蓄积量在0～364m^3/ha的场景，得到的估测“饱和点”为150m^3/ha，但是在很多森林地区每公顷的蓄积量很明显比这个饱和点高。Sandberg等(2009)研究发现，L波段与P波段HV后向散射系数应用于森林生物量估测时优于其他极化方式。当生物量高于150t/ha时，L波段HV后向散射系数容易出现“饱和”现象。P波段HV后向散射系数的饱和点比L波段HV的饱和点要高些，但当生物量较高时，P波段HV后向散射系数与森林地上生物量不再呈线性关系。Sandberg等(2011)应用L波段和P波段后向散射强度提取混交林生物量，研究结果表明，L波段HV极化后向散射强度提取精度较高，P波段HH与HV极化提取结果近似，都好于L波段。

陈尔学(1999)总结了不同波段不同极化方式的雷达后向散射系数对森林AGB估测的“饱和点”的变化。研究发现P波段是森林AGB估测的首选波段，L波段为其次，C波段最差；从极化方式来看，HV极化较HH极化更大程度上反映了森林AGB信息，应作为进行森林AGB估测的首选极化方式。

2. 极化干涉SAR森林树高反演

极化干涉SAR(PolInSAR)反演森林垂直结构参数主要包含树高、生物量与垂直相对反射率。PolInSAR反演树高最为常用的散射模型(Treuhaft et al., 1996)及其变体(Treuhaft and Siqueira, 2000)是一个由地面和位于其上的随机植被冠层散射体组成的双层相干散射模型(Random Volume over Ground，RVoG)，能够较好地反映出植被结构参数和简化散射过程的复杂度，为极化干涉SAR反演植被结构参数奠定了基础。

Cloude和Papathanassiou(2001)应用PolInSAR数据和RVoG模型反演森林树高，并取得了较好的效果。Krieger等(2005)总结分析了PolInSAR中的各类去相干因素，并提出了基于RVoG模型和相位统计特性的相位管分析方法。Yamada等(2001)提出应用ESPRIT处理方法可以得到主散射机制的干涉相位，在林区一般有植被冠层散射和地表散射，通过二者的相位差，就可以得到近似树高。Balzter等(2007)应用不同频率(C波段和L波段)InSAR差分提取森林冠层高度，结果表明该方法所测树高与激光雷达所测树高相比均方根误差(Root Mean Square Error，RMSE)为3.49m，相对误差为28.5%。

张红(2002)、王超等(2002)结合最优干涉相干和波相干模型反演了植被高度。李新武等(2005)从L波段数据中提取地表相位，再利用ESPRIT算法获取C波段数据中的有效散射相位中心，进而利用这两个相位差提取植被高度。陈尔学等(1999; 2007)、李哲等(2009)应用干涉优化相干和ESPRIT等方法或将几种优化方法进行优化组合来进行树高反演研究，并取得了较好的应用效果；Zhou 等(2009)描述了 RVoG 模型的应用以及如何应用多基线 PolInSAR 数据提高树高反演精度。陈曦(2008)通过改进 Cloude 双基线反演树高的方法研究了垂直结构反演方法从而为森林 AGB 监测提供了手段。

3. 干涉层析 SAR 森林垂直结构信息提取

1)基于极化相干层析(Polarization Coherence Tomography，PCT)的森林垂直结构信息提取

Cloude 等(2009)指出 PCT 能够得到反映后向散射能量垂直分布的垂直结构函数，可用于森林垂直结构参数估计。PCT 既能够应用单基线 PolInSAR 数据也可以应用多基线 PolInSAR 数据来实现森林垂直结构信息提取(Cloude, 2006)。通过应用极化干涉信息采用相干优化或者 ESPRIT 算法估测地相位和树高，然后通过 Fourier-Legendre 展开式建立 PCT 层析模型，将树高和地相位代入模型得到层析数据，计算量随着基线数量的增加而增加。Cloude(2007)提出了双基线 PCT 并介绍了计算方法，研究结果表明垂直结构剖面有利于理解基本的散射机制和极化特性。Praks 等(2008)发现 PCT 方法是稳定的，双基线比单基线的分辨率高，并且基线数量越多，所能达到的垂直结构分辨率越高。但当基线数量超过 3 时，PCT 方法的稳定性下降，因此，垂直分辨率与稳定性要综合考虑。Fontana 等(2010)应用模拟数据研究发现影响 PCT 估测森林垂直结构的因素包括：体散射随机性、树高误差、DEM(或地相位)误差和时间去相干。体散射随机性与 DEM 误差都可以通过增加有效视数在一定程度上得到改善，树高误差对森林垂直结构估测不那么重要，时间去相干是影响森林垂直结构估测的重要因素。Luo 等(2011)通过应用 PCT 技术反演森林垂直结构剖面，并定义了 9 个参数，建立了这 9 个参数与森林 AGB 的关系。结果表明，应用 PCT 反演的森林 AGB 比采用树高得到的森林 AGB 精度高。Li 等(2012)应用 PCT 与极化干涉分割技术将以林分为单位建立的森林 AGB 反演模型外推至林分周边林区多边形，研究表明，该方法具有一定的适用性。

2)基于多基线干涉层析 SAR(MB-InTomoSAR)的森林垂直结构提取

MB-InTomoSAR 与 MB-PolTomoSAR 由于受重复轨道、高实验代价和基线非均匀分布的限制，超分辨率技术常被用来提高层析分辨率(Lombardini and Reigber，2003; Tebaldini, 2008; Huang et al.，2012)。相比于其他领域，MB-InTomoSAR 与 MB-PolTomoSAR 技术更广泛地应用于林业领域，尤其是森林垂直结构信息提取方面。

Treuhaft 等(2009)应用多基线 InSAR 通过多次双天线飞行试验增加垂直方向孔径来提高层析分辨率实现森林垂直结构信息的提取，并建立起垂直结构信息与森林 AGB 之间的关系模型，用于反演森林 AGB，并指出当植被较低结构较复杂时，MB-InTomoSAR 难以获得精确的地相位。de Zan 等(2009)模拟了不同基线的

TanDEM-X 数据来测试森林树高和结构提取的不同模型，研究表明，即使应用 3～4 景干涉影像也能够重建可能包含足够高程和森林结构信息的剖面以支撑生物量估测。Dinh 等(2012)在不假设任何先验森林散射模型的情况下，应用 P 波段 TomoSAR 研究了热带森林 AGB 与森林体散射后向散射回波功率的关系。研究结果表明，植被层后向散射回波功率对森林生物量表现最高的敏感性，并且这一结果不依赖于极化方式。

3）基于 MB-PolTomoSAR 的森林垂直结构信息提取

Guillaso 和 Reigber(2005)应用极化干涉与层析技术估测树高与地形。Tebaldini 和 Rocca(2012)应用多基线全极化 SAR 数据，通过 SKP(Sum of Kronecker Product)分解实现将不同散射机制的多基线极化干涉信息分离，应用 Capon 方法得到层析图，根据后向散射回波垂直分布估测树高，并与 Lidar 估测的树高进行比较，结果表明该方法估测的树高精度较高。Huang 等(2011)提出混合光谱方法应用 P 波段 MB-PolTomoSAR 估测热带林树高与林下地形，结果表明，混合光谱方法能够获取高精度的热带林树高和林下地形估测结果。Huang 等(2012)应用 MB-PolTomoSAR 技术与 WSF 方法提取混合环境中林下硬目标信息，并分析极化角垂直变化规律，实现了森林垂直后向散射功率信息提取和林下硬目标准确识别。Tebaldini 和 Alessandro(2011)在不采用任何物理模型和频谱分析方法的前提下，应用 TropiSAR 数据提取热带森林垂直结构信息，研究发现地表存在近似二面角散射，只有当地表有一定坡度时才会出现表面散射，并且森林内部地形坡度变化对垂直结构信息几乎没有影响。Dinh 等(2012)应用 P 波段多基线 PolInSAR 数据采用 PolTomoSAR 技术提取热带森林后向散射功率垂直分布信息，并建立某些特定高度后向散射功率与森林 AGB 的反演模型。研究发现，30m 高度处的后向散射功率与森林 AGB 具有最好的反演关系，能够在一定程度上提高森林 AGB 估测的饱和点。

从以上国内外研究进展可以看出，SAR 森林垂直结构信息提取仍然处于技术研发阶段，森林垂直结构参数估测精度的提高依赖于所采用的 SAR 观测手段的进步，目前已经从单极化 SAR、极化 SAR、InSAR、极化干涉 SAR，发展到多基线 InSAR/PolInSAR 层析等高级 SAR 观测模式。地表的复杂性使得 SAR 信号受地形和植被三维分布的综合影响，不增加遥感观测的维度是很难提高森林垂直结构信息的提取精度的。但目前国内容易获取到的 SAR 数据仍局限于极化 SAR，只有很少的实验区具有星载极化干涉 SAR 数据和多维度的机载 PolSAR、PolInSAR 数据。因此，应用示范部分仅介绍了基于目前国内机载 SAR 系统可获取 SAR 数据类型的森林垂直结构信息提取实例。

12.2　多时相星载多极化 SAR 林地类型分类

目前，利用单时相 PolSAR、干涉 SAR(InSAR)数据的分类方法，大多数只能识别到森林—非森林，国内外也取得了一定的研究成果。Strozzi 等(2000)利用多时相干涉信息，成功获取欧洲 3 个不同地区的土地类型图和森林分布图；Lee 等(2005)定义了极化干涉技术中 2 个相干最优谱系数 A_1 和 A_2，将其应用到 L 波段影像森林类型分类中，结合地面实况数据，识别出森林区域并指出该技术可进一步区分其内部结构；Liesenberg 和 Gloaguen(2013)采用不同模式的 ALOS 数据，将后向散射强度、极化特征、干涉特征以及纹理特征应用到巴西亚马孙的土地利用分类中，并分析了不同模式下(双极化/全极化)这些参数对识别森林的有效性。国内学者陈尔学等(1999)较早利用 SIR-C/L-VV 干涉测量数据，通过单时相 SAR 强度影像和相干影像直方图的对比，说明综合利用 InSAR 的强度信息和相干信息可最大限度地挖掘 SAR 数据识别植被类型的潜力；白黎娜等(2003)利用 ESR-1 和 ERS-2 串行轨道数据经干涉处理后，采用其强度和相干信息合成多种干涉测量土地利用影像，其中最小值影像和标准差影像可以很好地区分水体和森林；在这之后，Luo 等(2010)将模糊分类技术引入到极化干涉 SAR 分类中，并尝试采用最优相干信息识别森林类型，结果表明该方法对具有不同结构的森林具有一定的区分能力。

以上研究已经很好地将干涉特征应用到地类及森林分类识别中，但较少看到综合利用多时相信息对具体林地类型进行细分的报道。本应用示范将不同林地类型的 SAR 后向散射系数、干涉相干系数的时相变化特征引入支持向量机分类器，展示了一种基于时间序列的多时相、多极化 SAR 干涉测量数据进行林地类型分类的方法。

12.2.1　应用示范区及数据

1. 应用示范区概况

应用示范区位于黑龙江省逊克县中部林地类型丰富的区域。该县与俄罗斯阿穆尔州隔江相望，地处 E127°24′～E129°17′，N47°58′～N49°36′N，面积 17344km^2，海拔 180～560m，属于寒温带大陆性季风气候。地表覆盖类型多样，有森林、农田、水体、城市建设用地等。其中，森林覆盖率达 64%，林地类型主要包括有林地、疏林地、灌木林地等。林区阔叶树种主要有柞树(*Quercus mongolica*)、桦树(*Betula platyphylla*)、杨树(*Populus ussuriensis*)等，树高平均为 8～10m，郁闭度约为 0.65；针叶林主要以落叶松(*Abies nephrolepis*)、樟子松(*Mongolica litv.*)、红松(*Pinus koraiensis*)等为主，树高平均为 18～21m，郁闭度约为 0.6；疏林地多为次生疏林地，郁闭度约为 0.2；灌木林地覆盖度约为 0.7。该区域数据覆盖范围内地表覆盖类型多样，除了不同类型的林地，还包括农田及小部分建设用地，在下面的分类系统中统一为“其他”类型。示范区域总面积为 1346km^2。

2. 数据

ALOS PALSAR 卫星数据重复周期为 46 天，大约 1.5 个月可获取一个时相的数据。由于 L 波段多极化的观测能力，比较适合森林资源调查及生态环境监测相关领域的遥感应用，故本示范选用该数据进行林地类型分类。获取了逊克县 2007 年 6 月 22 日、2007 年 8 月 7 日和 2007 年 9 月 22 日共 3 个时相的 PALSAR 双极化(HH/HV)数据，均为 PALSAR Level1.1 级产品，方位向、距离向像元大小分别为 4.49m、9.6m，进行多视化和重采样后像元大小为 25m×25m。

为了精确地选择分类训练样本及检验样本，还获取了覆盖示范区的基于 2003 年 Landsat TM 影像提取的土地利用分类图、2003 年逊克县森林资源二类调查图，并在逊克县林业局的协助下，于 2012 年 9 月对示范区范围内的土地覆盖类型进行了详细的调查，对主要地类进行了定位和拍照，共调查了 188 个样点，形成了可靠的地面调查数据库。分类参考数据如图 12.1 所示。ALOS PALSAR 影像的获取时间为 2007 年，由于该区域 2007～2012 年间只是耕地中的农作物类型略有变化，时间差别对于本示范林地类型分类结果及精度评价影响甚微。

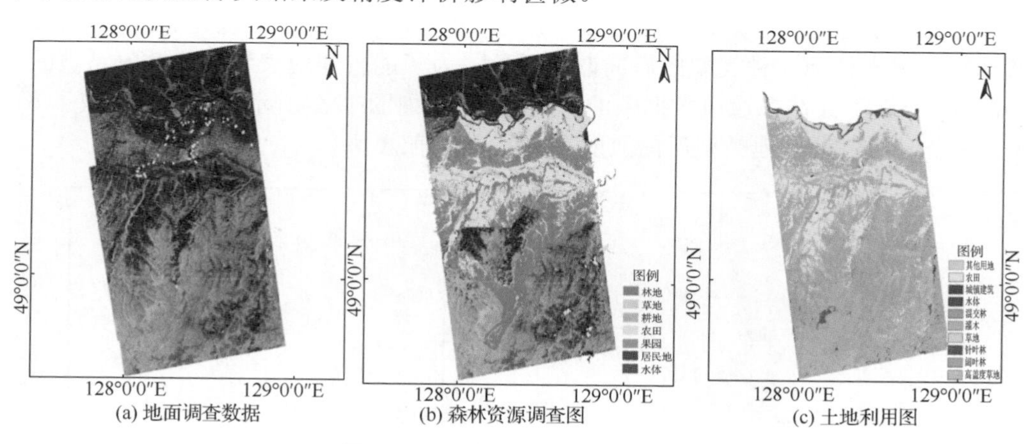

(a) 地面调查数据　(b) 森林资源调查图　(c) 土地利用图

图 12.1　分类参考数据(见彩图)

12.2.2　分类流程

该应用示范分类流程主要包括分类系统的确定、SAR 数据的预处理、地物的分类特征分析、分类器训练及分类。

1. 分类系统的确定

本示范是在已经识别出林地与非林地(其他地类)的基础上将林地类型进一步细分。因此，参照《土地利用/覆盖现状分类国家标准》(中华人民共和国国土资源部行业标准，1999)和国家林业局《森林资源规划设计调查主要技术规定》中关于林地分类系统的规定(国家林业局，2003)，并综合考虑多极化 SAR 影像对林地类型的识别能力、示范区地表自然属性特征，将本示范林地类型确定为有林地、疏林地、灌木林地和其他林地。

2. SAR 数据的预处理

不同时相多极化 SAR 影像之间的相干系数，反映了两个时相获取间隔内地物目标的变化情况，与地物类型有一定的关系，可用于地表覆盖类型的识别，是本示范所要获取的重要参数之一。对所获多时相 SAR 数据，两两组合形成干涉像对，然后进行辐射定标、多视化、相干性估计、滤波、相位解缠、地理编码等预处理，最终得到一个时间序列的 SAR 强度影像和干涉相干系数影像。

3. 地物的分类特征分析

PALSAR 影像中各地物的分类特征可能会随着时相的变化而变化，在某一个时相不能区分的地类在另一个时相就可能很容易区分。利用时相特征分类之前，参考森林资源二类调查及地面实测数据，对多极化、多时相影像中不同林地类型 SAR 后向散射特征和干涉相干特征进行细致的分析，得到后向散射系数和干涉相干性的时变特征统计信息。

首先，通过选取感兴趣区域(ROI)定性分析不同时相、不同极化影像中有林地、疏林地、灌木林地 3 种类型的后向散射系数。为了能直观地表示后向散射系数的可分离性，分析了其在多通道数据中的统计直方图，如图 12.2 所示。图 12.3 反映了 6～9 月 3 个时相每种林地类型后向散射系数的变化信息。

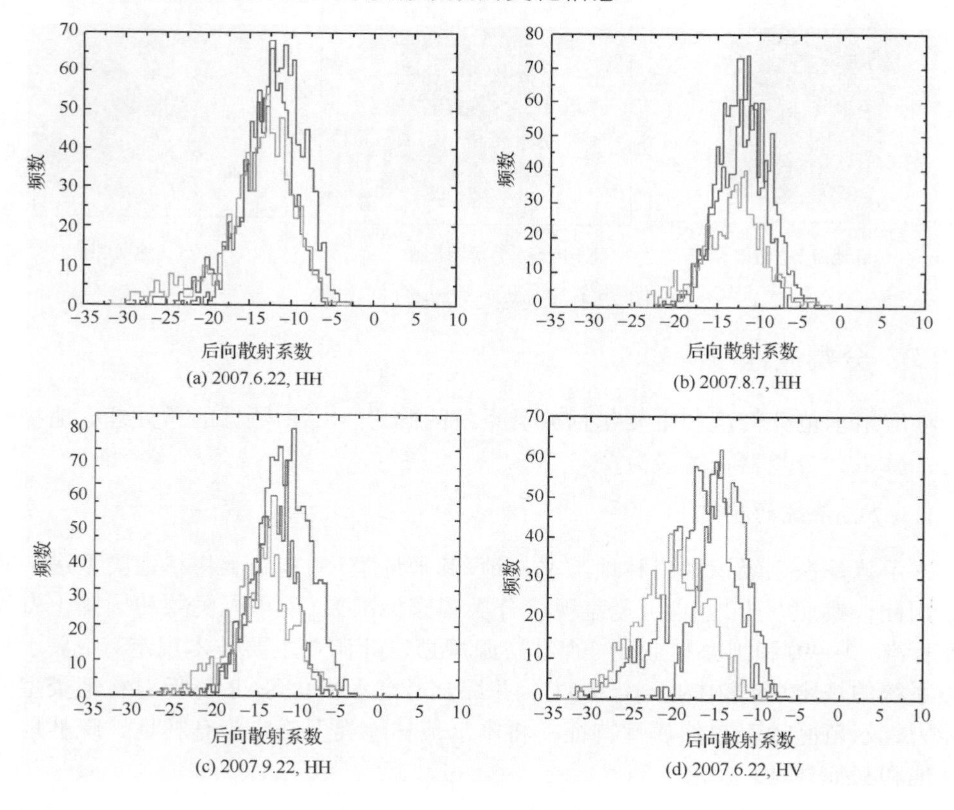

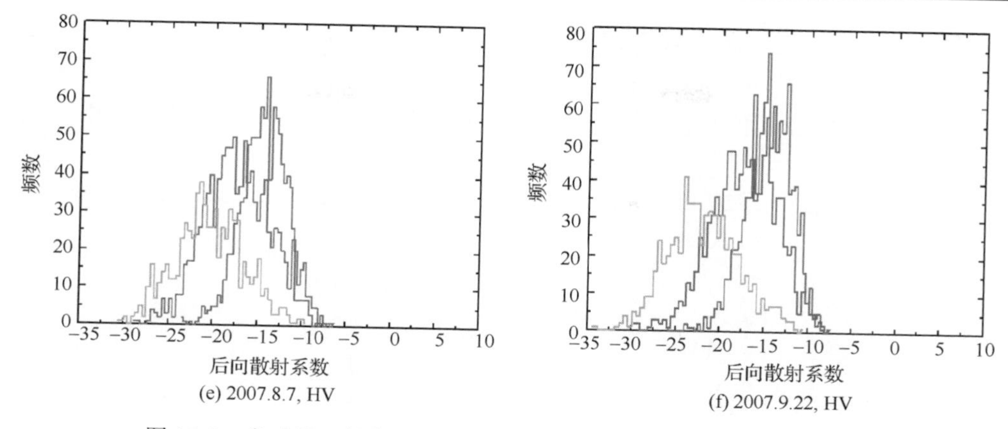

图 12.2　多时相双极化影像林地类型后向散射系数直方图(见彩图)

不同颜色代表的图例如下：

—— 有林地　　—— 疏林地　　—— 灌木林地

对图 12.2 和图 12.3 所示结果分析表明：①HH 极化影像中，灌木林地的后向散射系数略大于有林地；而在 HV 极化中，有林地的后向散射最强。可能的解释是，有林地上的植被是高大的乔木，通常 L 波段微波穿透乔木冠层的能力要比低矮灌木植被弱，因此灌木林地会有更强的表面散射和二面角散射(直接地表、植被—地表、地表—植被散射)，从而会出现灌木林地 HH 极化后向散射系数高于有林地的现象；而且乔木植被冠层结构组分的大小、方位分布的随机性也可能高于灌木植被，这种情况下有林地将比灌木林地具有更强的体散射效应，导致 HV 后向散射系数较高。②多时相 HH 极化影像中，3 种林地类型的平均后向散射系数比较接近，可分离性差；而在 HV 极化中，有一定的可分性，但仍需要引入更多的相关特征去增大林地类型之间的可分离度。

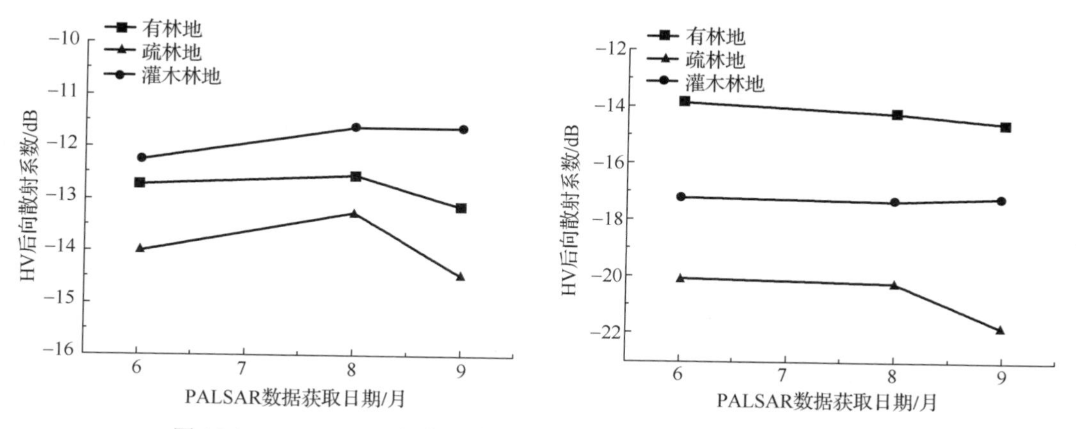

图 12.3　PALSAR 双极化影像林地类型后向散射系数时变特征分析

另外，对 2 个时相的 PALSAR 影像进行干涉，可获取相干系数和相位 2 个重要参数。基于同样的 ROI 分析了 3 种类型在不同时相的干涉相干性。图 12.4 为多通道数据中相干系数的统计直方图分布情况。图 12.5 描述了不同极化林地类型干涉相干系数的时变特征。

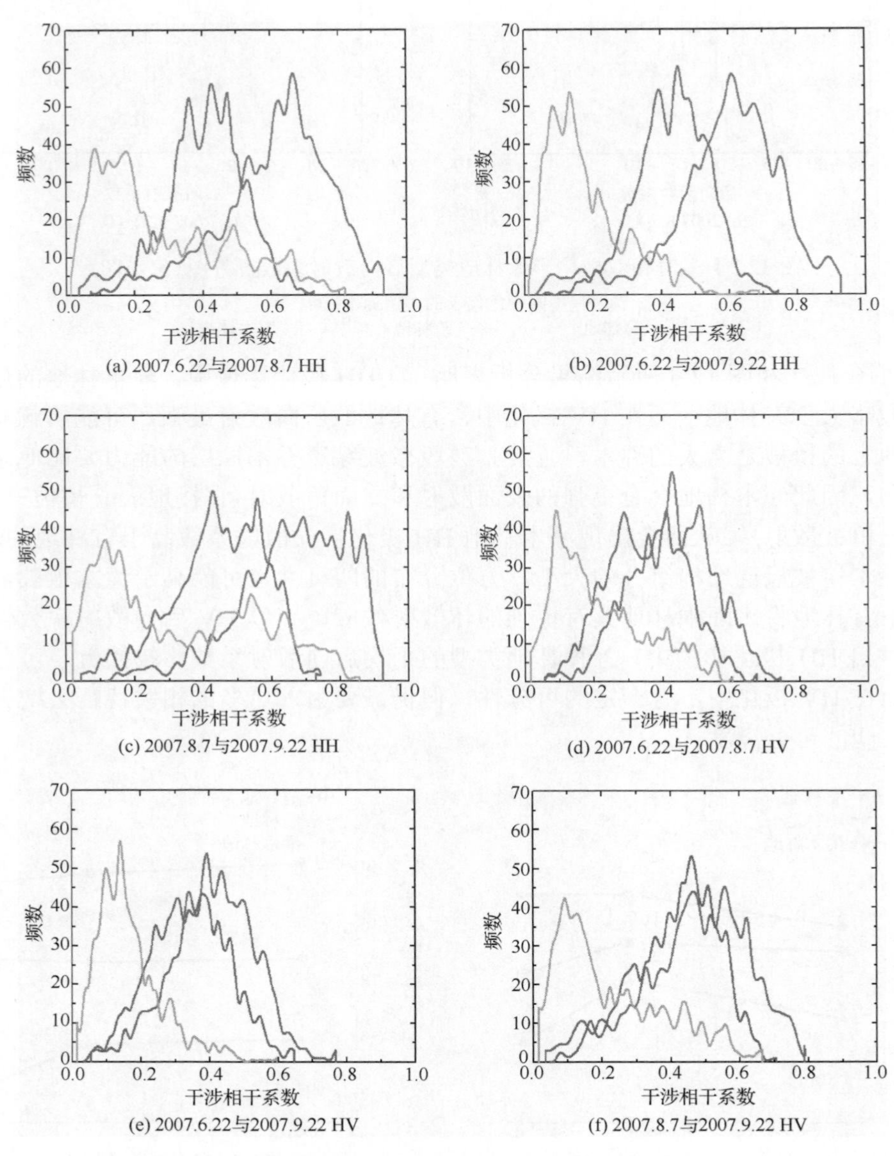

图 12.4　多时相双极化影像林地类型干涉相干系数直方图(见彩图)

不同颜色代表的图例如下：

—— 有林地　　—— 疏林地　　—— 灌木林地

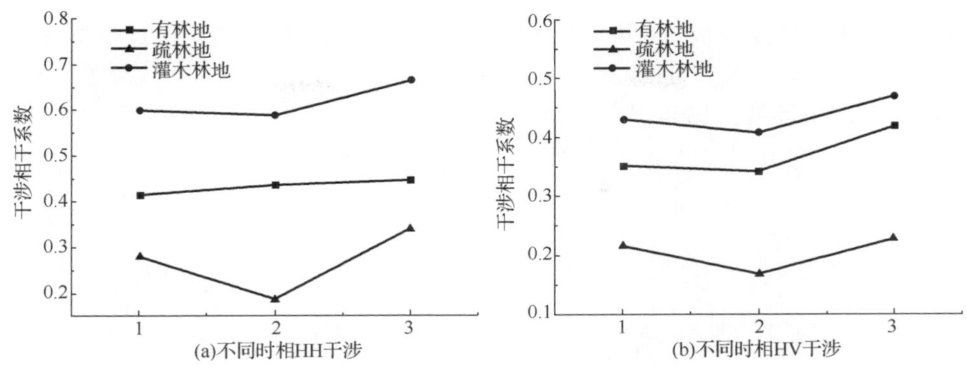

图 12.5　PALSAR 双极化影像林地类型干涉相干系数时变特征分析

1：2007.6.22 与 2007.8.7 干涉；2：2007.6.22 与 2007.9.22 干涉；3：2007.8.7 与 2007.9.22 干涉

由图 12.4 和图 12.5 可知：①相比于强度信息，HH 极化的相干性对于有林地、灌木林地及疏林地的分类识别更有效。其中，HH 极化 6 月与 8 月、8 月与 9 月干涉相干性对于有林地、灌木林地及疏林地的区分度最高。这表明多时相的干涉相干性对于林地类型的区分有一定的潜力。②3 种林地类型在相邻时相的干涉影像中均表现出了较高的相干性。其中，灌木林地因其植被结构比较稳定而具有最高相干性，疏林地的相干性最小。

鉴于对有林地、疏林地、灌木林地 3 种林地类型在不同时相、不同极化后向散射系数及干涉相干系数的分析，选取了以下 3 个有效特征参数输入分类器进行 SAR 林地类型分类。

(1) 多时相交叉极化 HV 的平均后向散射系数。其统计直方图如图 12.6(a) 所示，该参数相比于其他强度信息对不同林地类型有最好的分离度。这是因为示范区灌木林地的平均高度低于有林地，HV 相比于 HH 极化对垂直方向的散射响应更强，而疏林地内树木生长稀疏，郁闭度在 0.1～0.3，相比于郁闭度较大的有林地和灌木林地，其冠层所占比率小，而 L 波段入射波照射森林时，其后向散射以冠层和树干为主，因此，疏林地接收的回波也相对较少。

(2) 多时相同极化 HH 干涉的平均相干系数。其统计直方图如图 12.6(b) 所示，HV 极化的相干性对于有林地和灌木林地的区分有困难，而 HH 的相干性很好地反映了 3 种林地类型间的可分性。这是由于外界因素的影响，3 种林地类型去相关程度不同。其中，灌木林地相对最高，说明 6～9 月，其地表变化不如疏林地、有林地明显，这些特征为分类识别提供了重要依据。

(3) 多时相不同极化之间的强度比。由于不同时相的 SAR 影像受地形坡度、坡向、阴影等的影响，同一地物或目标的后向散射强度都会不一样，强度比值可以尽可能地减小这些环境变化因素的影响，提供单一极化所不具有的独特信息，并且具有不受 SAR 乘性噪声影响的优势(Oliver and Quegan，1998)。8 月份 HH 极化和 9

月份 HV 极化变化差异最大，可以更大程度地反映介质的物理性质、表面粗糙程度、结构特征等信息，使 SAR 影像解译的分类算法能更加正确地区分林地类型，该参数对难以区分的植被类型也非常有用(赵英时，2003)。

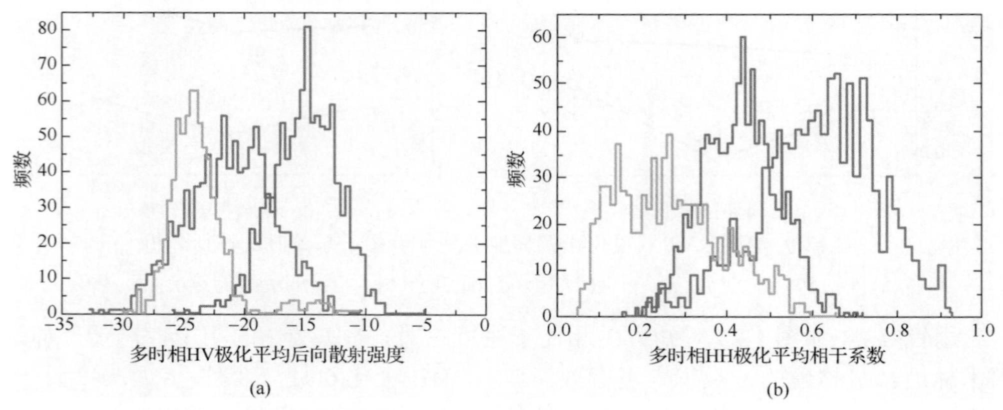

图 12.6　多时相极化干涉有效特征参数统计直方图(见彩图)

不同颜色代表的图例如下：

—— 有林地　　—— 疏林地　　—— 灌木林地

为了更加直观地展示以上所选择特征对林地类型的分类能力，根据红(R)、绿(G)、蓝(B)空间彩色合成原理，对 3 个有效解译参数依次赋予 R、G、B 进行彩色叠加显示，如图 12.7(b)所示，能从极化、时相、干涉 3 种不同维度 SAR 影像上最大程度地突出有林地、疏林地及灌木林地 3 种类型的特性。图 12.7(a)为 6 月 HH 极化(R)、8 月 HV 极化(G)、9 月 HH 极化(B)3 个时相的后向散射强度特性彩色叠加显示，与其相比可以看出，综合了干涉、极化比等多维信息，较好地突出了地物边缘、结构、强度等信息，能更细致地反映不同林地类型的区别。

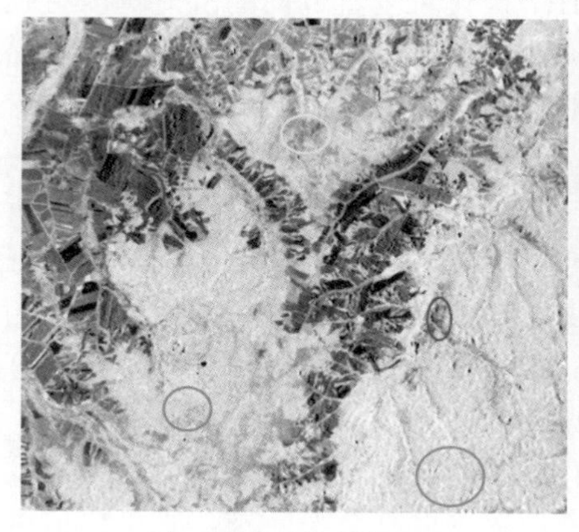

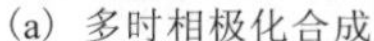

(a) 多时相极化合成

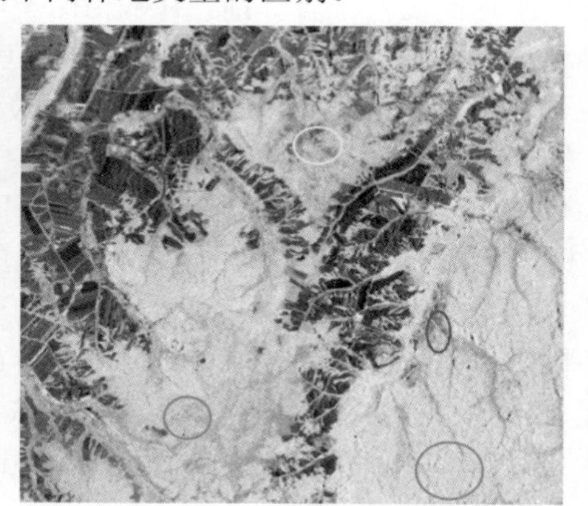

(b) 多时相极化干涉合成

图 12.7　彩色合成影像(见彩图)

图中圆圈所示区域，绿色圆圈是有林地，红色是灌木林地，黄色是疏林地

4. 分类器训练及分类

支持向量机(Support Vector Machines, SVM)是目前在遥感影像分类方法研究及应用中较为成熟的一种分类器，无论是在光学遥感影像分类领域还是 SAR 影像分类领域均已经得到了广泛的应用。该分类器可有效地避免传统分类器方法的维数灾难、过学习、局部优化极值等问题，具有高精度、运算速度快、泛化能力强等特点，尤其在解决小样本、非线性及高维模式识别中具有特殊的优势(Vapnik, 2004)。

SVM 分类器的理论基础是统计学习理论，其目标在于根据结构风险最小化原理，构造一个目标函数将两类尽可能地区分开来。在类别间线性可分的情况下，类别间存在一个超平面使得训练样本完全分开。对于线性不可分的情况，通过使用非线性映射算法将输入的低维特征空间中线性不可分的样本空间映射到高维特征空间中，使其线性可分，即在高维空间中找到一个超平面将类别分开。

因此，SVM 分类器的关键步骤是选择一个非线性映射函数，把输入样本空间映射到一个高维甚至无穷维的特征空间中，使得在原来的样本特征空间中非线性可分(线性不可分)的问题转化为在高维特征空间中线性可分的问题。常用的核函数有三种：多项式核函数、径向基核函数和 Sigmoid 核函数。这三种核函数适合解决大多数的非线性分类问题，目前对于具体选择哪种核函数，尚没有理论可以知道，但一般认为，径向基核函数的适用性较广，能解决大多数问题。

该示范分类器采用 SVM。SVM 核函数采用径向基核函数。SVM 分类器的训练和参数优化基于训练样本采用交叉验证法进行，利用分类精度最高的模型作为最终的分类模型。

12.2.3　分类结果及精度评价

选择了可分离性最好的单时相(8 月)双极化影像，采用同样的特征参数进行 SVM 分类，如图 12.8(a)所示。从分类结果图可以看到，单时相双极化 SAR 影像分类中，有林地能较好地与非林地区分，即图 12.8 中的其他地类。然而，灌木林地及疏林地的混分情况比较严重。而选择 HV 极化平均后向散射系数、HH 极化平均相干系数、不同时相极化后向散射强度比这 3 个有效参数之后(图 12.8(b))，有林地、疏林地及灌木林地得到了更好的区分。

得到分类结果之后，需要依据外业调查的地面实况数据进行精度评价，通过混淆矩阵验证分类结果与地面真实训练区样本之间的吻合程度。为了使检验样本更精准，还采用了研究区森林资源二类调查数据以及 Landsat TM 影像作为参考。共均匀选取了 76 个样本训练区，其位置分布如图 12.9 所示，其中，有林地检验样本共 2484 个像元，疏林地 2042 个，灌木林地 1759 个，其他地类检验样本像元总数为 1318 个。得到的精度验证结果如表 12.1 所示。可以看出，基于多时相 SAR 特征的林地类型的分类精度得到了很大程度的提高，分类总精度为 92.25%，Kappa 系数为 0.90，比单时相的分类结果提高了 14%左右。

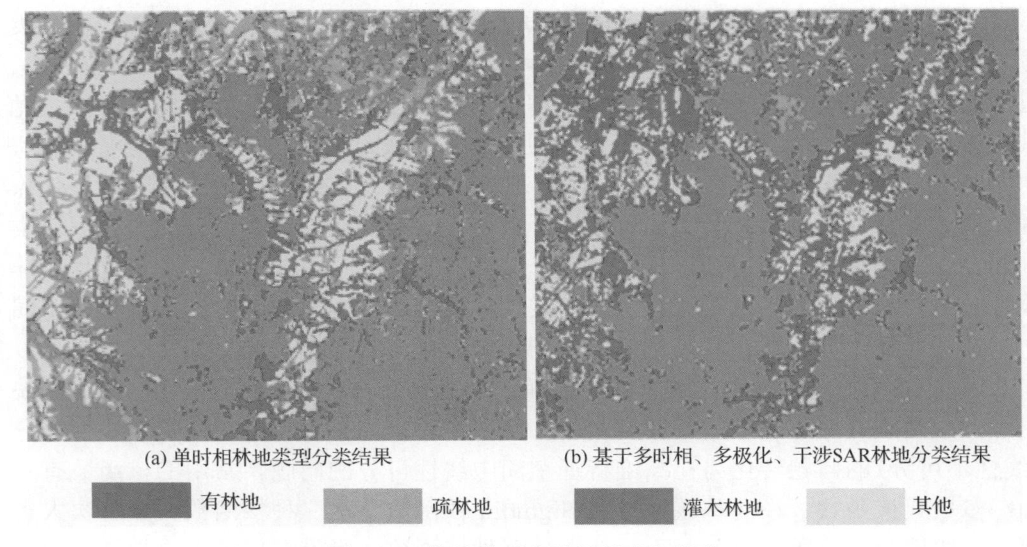

图 12.8　林地类型分类结果(见彩图)

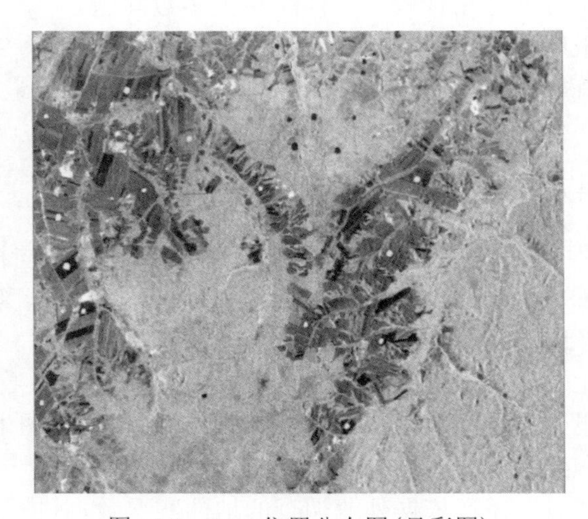

图 12.9　ROI 位置分布图(见彩图)

表 12.1　林地类型分类精度验证

分类方法	有林地	疏林地	灌木林地	总精度	Kappa 系数
单时相 SVM	96.76	55.51	60.01	78.19	0.69
多时相极化干涉 SVM	99.00	83.99	82.43	92.25	0.90

林地类型的分类对于森林资源两类调查有重要意义。该示范展示了一种综合极化、时相、干涉等多个维度信息进行林地类型分类的技术流程。首先，对所获数据进行预处理得到了一个时间序列的 SAR 后向散射强度和干涉相干影像。其次，分析不同林地类型 SAR 后向散射强度、干涉相干特征向量的时相变化特征，选择对分类有效的极化、干涉特征，并引入不同时相、极化的后向散射强度比，利用 SVM 分类器进行分类。最后，采用地面实况数据，并参考研究区的森林资源两类调查数据及 Landsat TM 影像进行精度评价。

整幅影像范围内地表类型多样，除了林地，还有农田、建设用地等其他地类。若将该技术流程应用到整幅影像覆盖范围，需要首先将林地与非林地识别开来，然后就可采用该方法将林地进一步分成几大林地类型。除了需要在整个影像覆盖范围内定义各林地类型的 ROI，在分类特征选择及分类器训练和精度评价等方面与小区域并无本质的不同。

12.3 高分辨率机载极化 SAR 森林类型分类

高分辨率及多极化成像模式比传统的 SAR 能够获取目标更为丰富的特征信息，提高对地物的识别能力，高分辨率极化 SAR 必然成为林业应用的重要手段。随着我国 SAR 相关技术的蓬勃发展，已经可以实现大区域机载高分辨率极化 SAR 数据的获取。在 PolSAR 影像地物分类中，有效利用 PolSAR 影像包含的极化特征信息以及高空间分辨率带来的纹理信息，并克服 SAR 影像固有的乘性斑点噪声影响，将有利于提高林地类型分类精度，本应用示范的目标就是展示高空间分辨机载极化 SAR 在林地类型分类上的能力。

PolSAR 分类的发展已经有了 20 多年的历史，早期的极化 SAR 影像分类算法是基于统计特征的。随后，出现了基于物理散射机制的 PolSAR 影像分类，以及基于散射机制与统计理论相结合的分类方法。在这些已经发展的分类方法中，基本都是基于像元的分类方法，而这种传统的基于像元的分类方法有着无法克服的缺点。首先，基于单个像元的 PolSAR 分类，利用的仅仅是单个像元的特征信息，而不能利用像元间的空间结构信息，如纹理信息等；其次，SAR 固有的斑点乘性噪声，会加剧基于像元分类的“椒盐”现象，使得分类效果较差。相比之下，面向对象的分类方法由于可以有效地克服这一缺陷，所以被广泛应用于遥感影像的分类和研究中。面向对象的分类方法在光学遥感领域，应用的已经较为成熟，目前也有较多的商业软件，如 eCognition、ENVI 等方便广大学者进行面向对象分类，而在 PolSAR 分类领域，相关技术的研究还较少。但 PolSAR 面向对象分类方法将会是 PolSAR 分类方法研究和应用的一个重要方向。

目前已发展的 PolSAR 影像面向对象分类方法，其分割算法更多的仍是采用光学影像的经典分割算法，基于 PolSAR 影像的总功率特征或极化分解特征完成影像分割，例如，采用 eCognition 的多尺度分割算法和 H/α/A 目标分解对 PolSAR 影像的分割(Benz et al., 2001)。这类光学影像的经典分割算法并不能很好地适应 PolSAR 影像的数据特点，发挥 PolSAR 数据的优势。在基于分割结果的分类过程中，分类器普遍选择决策树、神经网络、SVM 等光学遥感分类中已经广泛使用的非参数化分类器，分类特征则主要利用 PolSAR 不同极化通道的强度特征，以及采用不同极化目标分解方法分解出的特征，常用的极化分解方法有 Freeman-Durden 分解、Yamaguchi 分解、Cloude 分解等(Lee and Pottier, 2009)。也有少量文献(张艳梅，2012)利用到了影像的纹理信息，但纹理信息均是光学遥感中常用的灰度共生矩阵的方法获得的，并不适用于 PolSAR 多视极化协方差/相干复数矩阵的数据形式，只能在极化总功率影像或不同极化通道强度影像上提取，受 SAR 乘性噪声的影响也较为严重。

该应用示范旨在展示一种适用于高空间分辨率 PolSAR 影像特点的面向对象分类技术流程。该流程所选择的分割算法能够适应 PolSAR 数据的特点，而且所采用的分类方法能够综合利用 PolSAR 影像的极化和纹理信息。

12.3.1 应用示范区及数据

1. 应用示范区概况

应用示范区位于河北省遵化市，为唐山市辖下的县级市，位于河北省东北部，西与天津市蓟县为邻。遵化市境内地貌呈“三山两川”之势，平原、丘陵、山地各占三分之一。该实验区地物分布丰富，有大片的板栗、苹果、核桃等果园种植区，森林树种也比较丰富，主要树种有樟子松、油松、杨树等；主要农田作物有花生、玉米等；该区域还有很多果树、农作物复合种植地块及各种苗圃地。

2013 年 9 月至 10 月中国科学院电子学研究所于该实验区开展了多维度 SAR 航空遥感飞行试验，中国林业科学研究院资源信息研究所研究人员于 2013 年 9 月在该实验区开展了地面同步调查实验，获得了实验区主要土地覆盖/利用类型的实地调查数据。

2. 数据

所采用的数据是中国科学院电子学研究所提供的机载高分辨率 C 波段全极化 SAR 影像一景，获取时间为 2013 年 9 月 26 日，该数据的覆盖范围如图 12.10 和图 12.11 中的矩形方框所示。

图 12.11 为获取该数据的航摄示意图，飞机自东向西方向飞行，如图 12.10 和图 12.11 中的箭头所示。PolSAR 传感器为右视获取数据，飞行高度为 4016.9m，近距入射角为 62.3°，远距入射角为 74.1°。该数据方位向、距离向像元大小均为

0.255m，多视化生成 MLC 数据后分辨率为 1.02m，图 12.11 为其 Pauli RGB 显示，从影像中可以看到山区有明显的阴影，这也是 SAR 影像的特点之一。

图 12.10 航摄区域示意图

图 12.11 遵化示范区全极化 SAR 数据的 Pauli RGB 显示(见彩图)

从图 12.11 中截取了部分区域(图 12.11 中矩形方框)作为分类应用示范区域。影像大小为 900×1500 个像元。

2013 年 9 月 2～3 日对该示范区进行了飞行试验的前期考察，并于 2013 年 9 月

25～27 日对该飞行区域进行了与飞行试验同步的地面调查，获取了地面的调查数据，地面调查点分布如图 12.10 所示，对于示范区内的典型地物通过差分 GPS 定位，并记录属性信息，拍照，对部分地类边界进行 GPS 勾绘。图 12.12 为示范区内分布的典型地类。

图 12.12 示范区内典型地类

12.3.2 分类流程

该应用示范分类流程主要包括分类系统的确定、分类感兴趣区的选择、极化 SAR 影像分割、地物的分类特征提取、分类器训练及分类。

1. 分类系统的确定

如图 12.13 所示，为应用示范区域的 Pauli RGB 显示图。该示范区域内的地物类别丰富，包含的土地利用类型主要有城镇及建设用地、林地(樟子松、油松、杨树等)、水库、板栗果园、各种苗圃地、耕地(花生、玉米地)等。参照《土地利用动态遥感监测规程》规定的土地利用及覆盖分类国家标准的规定以及国家林业局《森林资源规划设计调查主要技术规定》中关于林地类型分类系统的规定，同时综合考虑应用示范所采用 PolSAR 影像数据的地物识别能力，以及示范区的实际状况，将分类系统确定为针叶林、杨树阔叶林、板栗阔叶林、苗圃林、耕地、水体、农村居民点、其他建设用地共 8 类。根据地面的实地调查获取的分类样本数据如图 12.14 所示。

2. 分类感兴趣区的选择

图 12.14 是根据地面的实地调查(图 12.10)获取的分类样本数据，分类的训练样本和验证样本由分类总体样本数据中随机抽取。后续的所有分类过程均基于该样本数据进行，即从每一类样本数据中随机抽取 500 个像元作为训练样本，其余为验证样本。相同的分类样本可以保证后续所有分类结果间精度的可比性。

图 12.13　分类示范区 Pauli RGB 显示(见彩图)

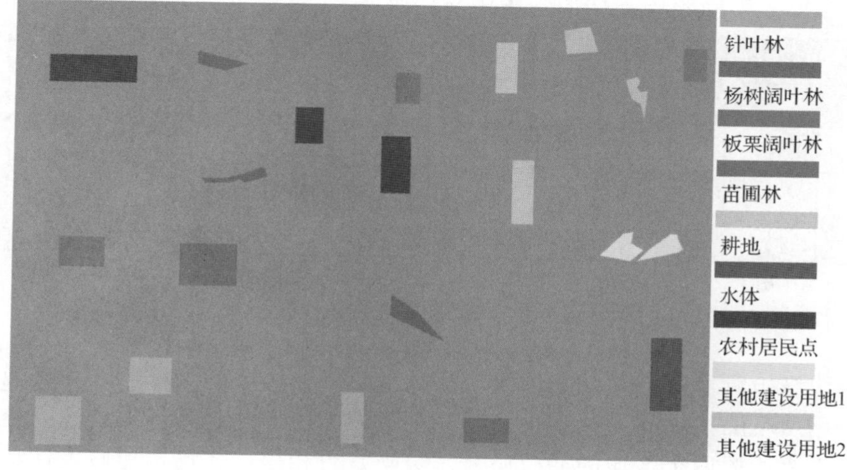

图 12.14　示范区分类样本分布情况(见彩图)

3. 极化 SAR 影像分割

首先对 PolSAR 影像数据进行预处理，预处理主要包括多视化、协方差矩阵的生成、滤波等；然后采用谱图分割算法对 PolSAR 影像进行分割，具体的过程包括：利用均值漂移算法对影像进行预分割得到初始的分割单元，利用边缘提取算法为谱图分割提供分割线索，然后在分割单元和分割线索的基础上构建相似性度量矩阵，再采用归一化割准则完成影像的分割。

均值漂移(mean-shift)在 PolSAR 影像分割领域已经有所应用(He et al., 2008；邹同元等，2009)，具有快速收敛、抗噪性强等优点，缺点在于分割结果往往过于破碎。

首先利用均值漂移进行预分割，让其过分割的缺点成为优点，为后续算法提供小的分割区域单元；再利用谱图分割点对聚类和全局优化的优势完成影像分割。

谱图分割(Spectral Graph Partitioning, SGP)是建立在谱图理论基础上的一种聚类算法，应用谱图分割技术可以将影像分割的问题转化为图的划分问题(由里，2011)：将待分割影像映射为一个加权无向图 $G=\{V,E\}$，其中 V 代表图中的顶点，E 代表顶点间的边。顶点对应影像中的每个像元，带权重的边对应影像中两个像元间的相似性度量，这样影像分割的问题就转化为图的最优划分问题。基于谱图分割的影像分割过程可以分为 3 个步骤：①选择合适的影像特征(边缘、灰度、纹理等)，建立像元间的相似性度量矩阵(图中顶点间的权重信息)，完成影像到图的映射；②选择划分准则，将图划分为一定数量的子图；③将图的划分结果映射到影像空间，完成影像分割。因此，首先要提取 PolSAR 影像的边缘信息，获取分割线索。

进行边缘提取的一组边缘检测器如图 12.15 所示，共包含 4 个方向的边缘检测，边缘检测窗口可根据影像实际情况指定(3，5，7，…)。

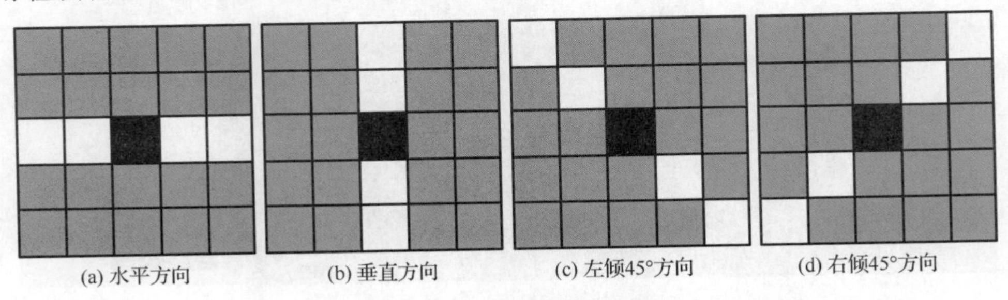

图 12.15　边缘提取的检测器

如果边缘检测器中心像元是边缘，那么中心像元两边的区域应该存在强烈的差异性。采用 Wishart 检验统计量来衡量两个区域的差异性。具体来讲，就是用一个似然比函数来检验两个区域的期望协方差矩阵是否相等。通过构建假设检验，定义两个区域的差异性度量为(Liu et al.,2013)

$$D(S_i,S_j)=(N_i+N_j)\ln|\hat{\boldsymbol{\Sigma}}|-N_i\ln|\hat{\boldsymbol{\Sigma}}_i|-N_j\ln|\hat{\boldsymbol{\Sigma}}_j| \tag{12.1}$$

式中，S_i、S_j 分别代表第 i 和 j 块区域，$\hat{\boldsymbol{\Sigma}}_i$、$\hat{\boldsymbol{\Sigma}}_j$、$\hat{\boldsymbol{\Sigma}}$ 分别为第 i、j 块和整体区域的期望协方差矩阵的最大似然估计量，N_i、N_j 分别为第 i 和 j 块区域的样本数量。如果 i、j 两个区域相同，则 $D(S_i,S_j)$ 为最小值(零)，即不存在边缘。

通过边缘信息即可完成影像空间到图空间的映射，影像分割问题转化为图的划分问题后，选取一个合适的谱图分割准则对分割结果影响较大。常见的分割准则有最小割准则(mini cut)、平均割准则(average cut)、归一化割准则(normalized cut)、最小最大割准则(min-max cut)、比例割准则(ratio cut)、多路归一化割准则(MN cut)

等，这些划分准则的相关理论公式及其优缺点可参考文献(闫成新等，2006)。这里选择应用较为广泛的归一化割准则完成 PolSAR 影像的分割。假设将一个图划分为两个部分 A 和 B，这两个部分的相似性程度可以定义为原先连接这两部分，而现在被删去的边的权重之和，这在图论中称为割(cut)：

$$\mathrm{cut}(A,B)=\sum_{x\in A,y\in B}W(x,y) \tag{12.2}$$

遵循最小割准则，即可完成该图的最优划分。但由于最小割原则容易产生较少顶点或孤立顶点被划分的结果，Shi 和 Malik 提出了归一化割的准则，将式(12.2)除以表现顶点集大小的度量，完成割的归一化。

$$\mathrm{Ncut}(A,B)=\frac{\mathrm{cut}(A,B)}{\mathrm{assoc}(A,V)}+\frac{\mathrm{cut}(B,A)}{\mathrm{assoc}(B,V)}=\frac{\mathrm{cut}(A,B)}{\sum\limits_{x\in A,v\in V}W(x,v)}+\frac{\mathrm{cut}(B,A)}{\sum\limits_{y\in B,v\in V}W(y,v)} \tag{12.3}$$

式中，$V=A\cup B$，assoc(A,V)代表 A 中的所有顶点与该图顶点间权重的和。这时，图的划分准则即最小化归一化割 Ncut(A, B)。

4. 地物的分类特征提取

相比于传统的单极化 SAR 影像，PolSAR 影像包含了地物目标全极化的后向散射信息，因此如何有效地发挥其优势，提取 PolSAR 影像的极化特征，是实现高精度的 PolSAR 影像分类的基础和前提，但对于高分辨率 PolSAR 影像而言，不仅不同极化通道间蕴涵的极化信息很重要，而且高分辨率影像所带来的丰富的纹理信息更是分类极为重要的特征。本示范分类具体采用的极化特征参数如表 12.2 所示。

表 12.2　分类特征汇总

分类特征		描述
极化特征	P_s、P_d、P_v	Freeman 分解参数：表面散射、偶次散射、体散射功率
	f_s、f_d、f_v、f_h	Yamaguchi 分解参数：表面散射、二次散射、体散射、螺旋体散射功率
	H、A、α	Cloude 分解参数：极化熵、反熵、平均散射角
	T_{ij}(i，j=1，2，3)	极化相干矩阵元素
纹理特征	Uniformity(U0, U45, U90, U135)、Entropy(E0, E45, E90, E135)、Dissimilarity(D0,D45,D90, D135)、Homogeneity(H0,H45,H90,H135)、Contrast(C0,C45,C90,C135)、Mean(M0,M45, M90, M135)	GLCM 纹理度量：均匀性、熵、差异性、同质性、对比度、均值(0°，45°，90°，135°四个方向)
	RK	基于非高斯统计建模的纹理度量

目前提取遥感影像纹理信息的方法中，最为经典的方法是基于灰度共生矩阵(Gray Level Co-occurrence Matrix, GLCM)的提取方法。例如，张艳梅(2012)提出的

融合极化特征和纹理特征的 SAR 影像面向对象分类中，基于极化 SAR 影像的 SPAN 灰度影像，作者利用 GLCM 方法提取了 PolSAR 影像的多种纹理特征。基于 GLCM 方法的纹理信息，在光学遥感影像解译中已经得到了广泛的应用。但该方法其实并不适用于 PolSAR 影像的数据特点。首先，因为 PolSAR 影像通常为极化协方差矩阵、极化相干矩阵等复数矩阵的形式表征，无法直接应用 GLCM 方法提取纹理，需要将 PolSAR 影像转化为 SPAN 影像或在各极化通道的强度影像基础上进行提取。其次，GLCM 方法需要在灰度影像上计算，即首先要将影像转换为灰度影像，而且受限于计算效率的问题，要求转换后的灰度影像的灰度级要远小于一般灰度影像的级数 256，例如，一般灰度级设为 8、16 或 32，灰度级设置越高运算效率越慢。这种影像原始数据到较低灰度级的灰度影像的转换，势必会造成原始影像中细节信息的丢失。

另外，GLCM 方法提取的纹理特征众多，在考虑不同极化通道、不同方向性的情况下，计算出的纹理特征数量一般可达几十种，甚至上百种，这些特征之间可能存在着较大的冗余，会影响到分类的精度，而且提取纹理步骤的复杂以及特征数量太多都会使整体的分类效率降低。为此，本示范还采用了另外一种适用于 PolSAR 数据的纹理度量方法，即基于非高斯统计建模的纹理度量。Doulgeris(2011) 基于乘积模型，引入了纹理参量对 PolSAR 数据进行建模，即

$$y = \mu + \sqrt{z}\boldsymbol{\Gamma}^{\frac{1}{2}}x \tag{12.4}$$

式中，$\boldsymbol{y}$ 代表极化矢量(雷达观测数据)；$\boldsymbol{\mu}$ 为均值矢量；z 为尺度参数，是严格为正的随机变量(标量)；$\boldsymbol{\Gamma}$ 为归一化内部协方差矩阵，$|\boldsymbol{\Gamma}| = 1$。$\boldsymbol{x}$ 是服从标准多元复高斯分布的随机向量。基于该模型即可进行广义 Wishart 分布模型的推导。一般来讲，z 表现为纹理参量，Doulgeris(2011) 在对 PolSAR 影像进行非高斯建模的过场中，指出相对峰态(Relative Kurtosis，RK)与纹理参量有如下关系：

$$\text{RK} = \frac{\text{mean}[(\boldsymbol{y}^{\text{T}}\hat{\boldsymbol{\Sigma}}^{-1}\boldsymbol{y})^2]}{d(d+1)} = \frac{E\{z^2\}}{(E\{z\})^2} \tag{12.5}$$

因此，该量可以作为 PolSAR 影像的纹理度量，可以体现局部散射单元的分布规律。不仅能够体现像元间后向散射信息的变动，而且还包含了像元内散射体后向散射信息叠加的随机过程。而且，该参数不用假设纹理参量服从某一种概率分布，而直接可以对纹理进行度量，推导的计算公式如下：

$$\text{RK} = \frac{L \cdot \text{var}\{\text{tr}(\hat{\boldsymbol{\Sigma}}^{-1}C)\} + d^2}{d(d+1)} \tag{12.6}$$

式中，$\hat{\boldsymbol{\Sigma}}$ 为样本中心协方差矩阵；C 为样本协方差；d 为协方差矩阵维数；L 是得

到协方差矩阵的视数。利用该参数可以直接针对 PolSAR 影像的极化协方差矩阵及极化相干矩阵提取 PolSAR 影像纹理信息。

5. 分类器训练及分类

分类器采用 SVM 分类器，核函数采用径向基核函数。SVM 分类器的训练和参数优化基于训练样本采用交叉验证法进行，利用分类精度最高的模型作为最终的分类模型。

12.3.3　分类结果及精度评价

影像分割是面向对象分类的基础，因此首先利用基于均值漂移和谱图分割的分割方法将分类实验区的影像进行分割处理。影像预处理过程中，首先对原始数据进行多视化处理(方位向、距离向视数均为 4)，生成了极化相干矩阵数据，然后采用 Boxcar 滤波算法对斑点噪声进行了抑制，窗口设置为 3。在此基础上应用均值漂移和谱图分割结合的分割算法。

如图 12.16(a)和(b)所示，分别为边缘粗提取和边缘优化后的结果，边缘检测器窗口设置为 7。图 12.16(c)为均值漂移预分割结果，核函数窗口参数分别设置为 hs=7，hr=6.5，最小分割面积参数 M=80，分割的区域个数为 5334。图 12.16(d)为最终的谱图分割结果，最终分割的区域个数为 480。这些均值漂移参数设置仅需保证影像的过分割程度，因此，在保证分割精度的前提下，尺度参数 M 具有较大的设置空间，但设置过小会影响后续的分割效率。谱图分割即通过设置最终的分割区域个数控制影像分割的尺度。本示范将在该分割结果的基础上进行分类特征的提取，然后进行基于对象的 PolSAR 影像的分类。

应用示范进行 PolSAR 影像分类所用到的全部特征如表 12.2 所示，共 44 种。其中，极化特征包括极化分解参数 10 个，极化相干矩阵元素 9 个；纹理特征包括 GLCM 计算的 SPAN 影像纹理特征 6 种。其中，每种 4 个方向共 24 个特征，以及基于非高斯建模理论的 RK 纹理特征 1 个。

(a) 边缘粗提取

(b) 边缘优化

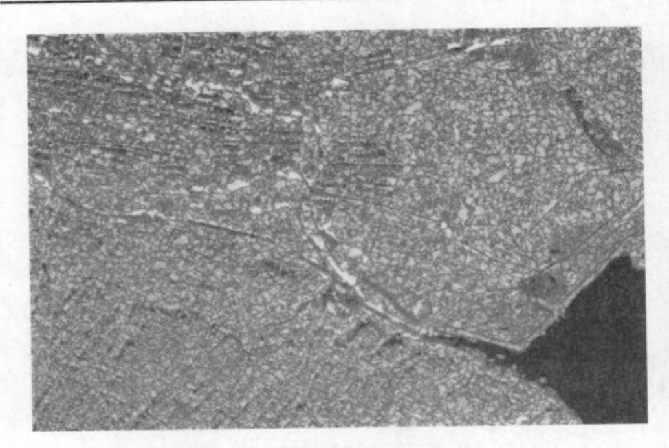

(c) 均值漂移预分割

(d) 谱图分割结果

图 12.16　遵化实验区分割结果(见彩图)

本示范分别基于像元与基于对象提取上述分类特征，其中，对象级别的极化特征基于对象的期望极化相干矩阵和极化分解理论获得；提取像元级别的纹理特征时，GLCM 方法窗口设置为 7，灰度级设置为 32；RK 纹理特征通过滑动窗口计算，窗口设置为 7。对象级别的纹理特征基于对象计算，即无须设置滑动窗口，通过对象区域内的像元进行计算。

如图 12.17 和图 12.18 为引入的 RK 纹理特征的伪彩色显示。由图中目视即容易看到，RK 纹理特征对于林地、农村居民点、耕地、水体类别间的区分性良好。像元级的纹理值分布范围要大于对象级的纹理特征范围，这是由于像元级纹理特征是通过局部滑动窗口计算，计算 RK 的样本像元可能存在不充足以及必然存在不纯的情况，所以计算结果中实质上有较多的噪声。而基于对象的 RK 计算方法，则可以一定程度上避免这一问题，由于是基于对象内的像元计算，计算 RK 的样本像元较纯而且充足，所以，计算结果更准确，同一类别的 RK 数值的波动范围也会较小。

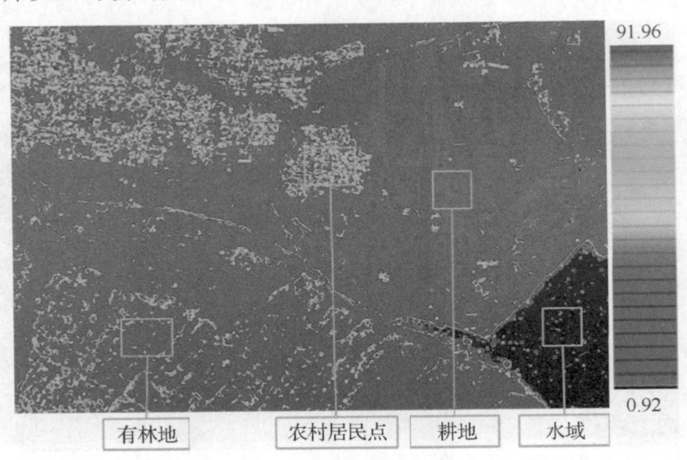

图 12.17　像元级 RK 纹理特征(见彩图)

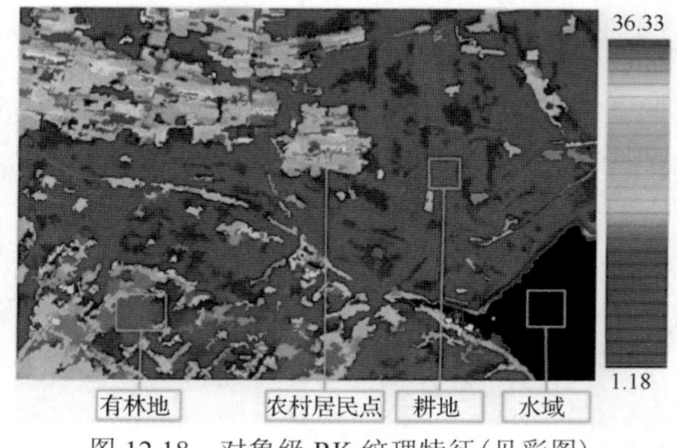

图 12.18　对象级 RK 纹理特征(见彩图)

图 12.19 展示了基于训练样本计算的像元级和对象级 RK 纹理值的均值与标准差。由图中可以看到，不同类别间的像元级 RK 和对象级 RK 的均值基本保持了一致，主要差异在数值的波动范围，即标准差。不同类别间对象级 RK 的标准差均要低于像元级 RK，这将直接提高类别间的可分离性。

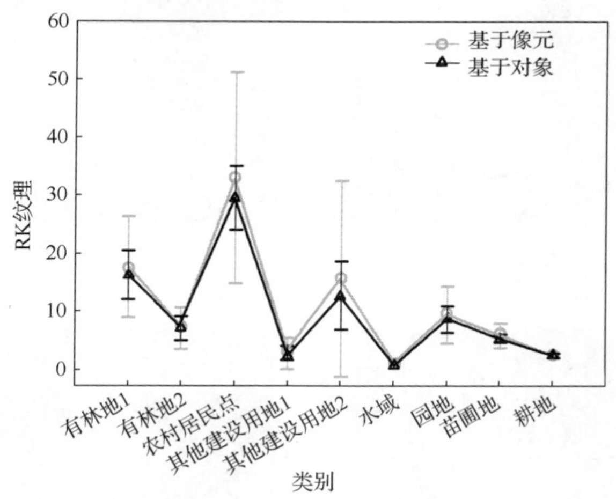

图 12.19　基于像元级和对象级的 RK 纹理统计特征(均值+标准差)

基于已经获得的分类特征和分割结果，采用 SVM 分类器进行 PolSAR 影像的分类，分别完成了基于像元和基于对象的极化特征(Pol)、极化与 GLCM 纹理特征(Pol + GLCM)、极化与 RK 纹理特征(Pol + RK)的分类结果。并在地面验证数据的基础上，对每个分类结果进行了精度评价，分析讨论了基于像元和基于对象的分类结果的差异，以及不同特征组合对于分类结果的影响。

图 12.20 是基于像元、对象的不同特征组合的分类结果。目视对比基于像元和基于对象的分类结果，基于像元的分类结果存在着较严重的“椒盐”现象，而基于对象的分类结果则有效地避免了这一现象，具有相对良好的视觉效果。

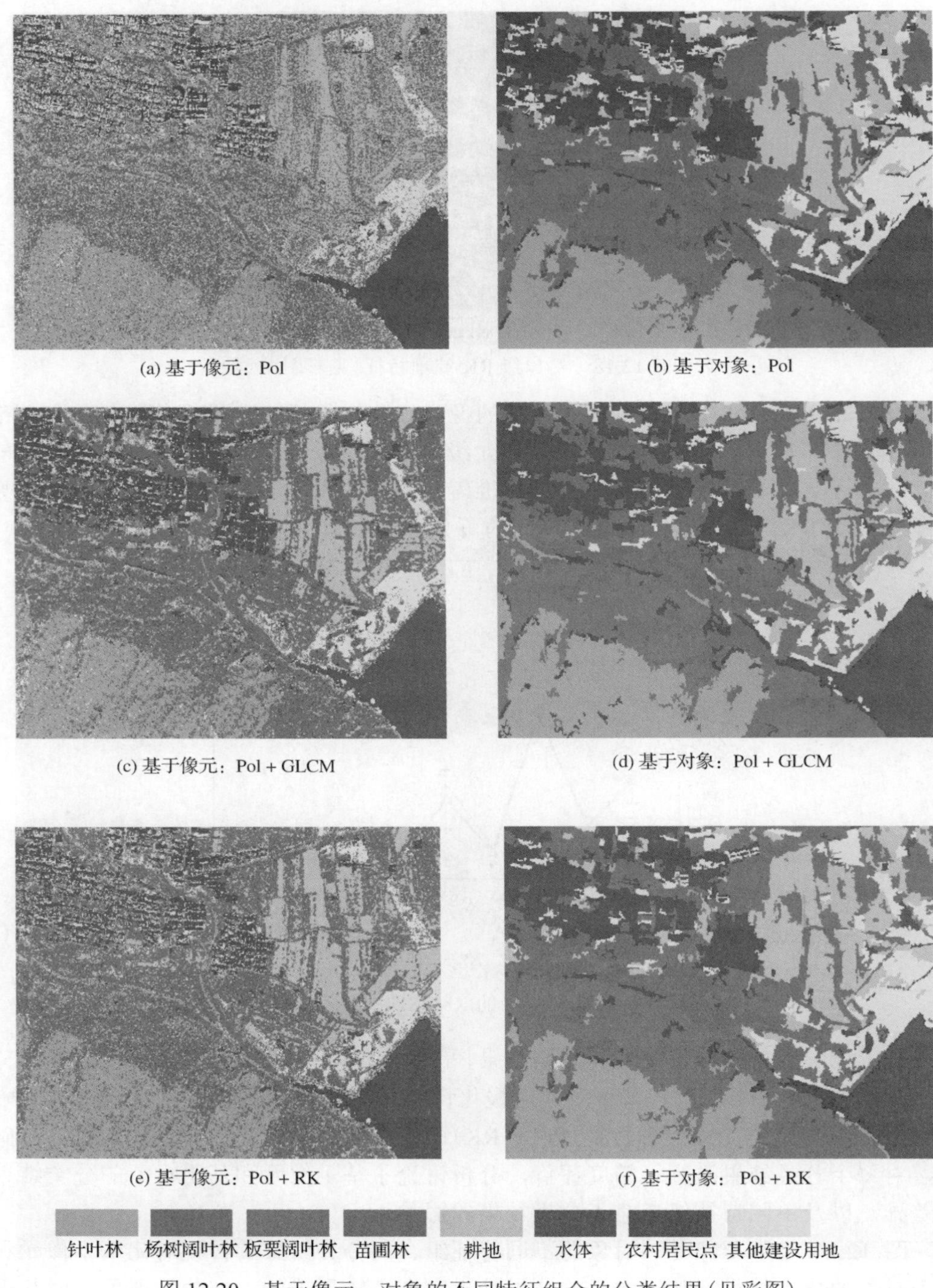

图 12.20 基于像元、对象的不同特征组合的分类结果(见彩图)

同时可以看到，随着影像纹理特征的引入，基于像元的分类结果的“椒盐”现象在一定程度上得到了改善，降低了类别间混分的严重程度，这说明了能够反映影像局部上下文信息的纹理特征对于高分辨率 PolSAR 影像分类的重要性。从目视效果即可看出，纹理信息的引入对基于像元的分类结果精度的提高尤为明显。而对基于对象的分类结果，目视上还不能贸然评价不同特征组合的分类结果，需定量化地评价分析。

从分类结果图中可以看到，无论是哪一种分类组合，水体的分类效果均较好，即便是基于像元仅利用极化特征，水体的分类结果里也没有椒盐现象存在。由此可见，简单利用影像的极化特征就可以将示范区内的水体信息有效地提取出来。

得到分类结果之后，需要依据外业调查的地面实况数据对分类结果进行精度评价，通过计算混淆矩阵的相关精度指标定量地评价分类结果。对于每一个分类结果，通过混淆矩阵得到分类结果的总精度(Overall Accuracy，OA)、Kappa 系数，以及该分类结果中每一类别的用户精度(User Accuracy，UA)、生产者精度(Producer Accuracy，PA)，将基于这些精度评价指标，定量地评价基于像元及基于对象的不同特征组合的分类精度。

基于地面调查数据，对分类结果进行了定量的精度评价，结果如表 12.3 所示。可以看到，基于对象的分类结果的总精度达到了 90%左右，Kappa 系数 0.85 左右，远高于基于像元分类结果的总精度(<70%)及 Kappa 系数(<0.65)。可见，基于对象分类方法要明显优于传统的基于像元的分类方法。其中，基于对象且综合极化与 RK 纹理的分类总精度最优，其详细分类精度如表 12.4 所示，针、阔叶林的分类精度达到了 90%以上，苗圃林略低(81.26%)，但与基于像元分类相比分类精度已经得到了很大的提升。

表 12.3　不同分类方法精度

分类特征组合	基于像元		基于对象	
	OA/%	Kappa	OA/%	Kappa
Pol	58.17	0.5029	87.64	0.8481
Pol+GLCM	69.26	0.6293	89.73	0.8735
Pol+RK	68.87	0.6236	90.38	0.8817

表 12.4　基于 Pol+RK 特征的分类精度

分类特征组合	基于像元		基于对象	
	PA/%	UA/%	PA/%	UA/%
针叶林	80.57	70.85	98.66	91.05
阔叶林	38.47	61.83	89.33	95.88
苗圃林	59.38	28.82	75.72	81.26
水体	99.88	99.51	99.75	100.0
其他建设用地	77.52	44.75	88.95	58.98
耕地	87.64	84.86	80.22	88.92
农村居民点	63.40	93.06	84.84	94.98

由表 12.3 中还可以看到，在加入了纹理特征后，基于像元和基于对象的分类总精度均得到了不同程度的提升。基于像元的分类总精度提升了 10%左右，Kappa 系数提高了 0.12 左右，而基于对象的分类总精度提升了 2.5%左右，Kappa 系数提高了 0.03 左右。可以看出，引入纹理特征对于基于像元分类精度的提升要高于对基于对象的分类精度的提升，但即便是引入了纹理特征，基于像元的分类总精度比不引入纹理的基于对象的分类总精度仍低了接近 18%。由此可见，受限于基于像元分类框架的缺陷，即便引入新的分类特征，对于分类结果的精度提升也是有限的。而在基于对象分类的框架下，即便仅利用影像的极化特征，分类精度也能比基于像元得到较大的提升。如表 12.3 和表 12.4 中所示，在只利用极化特征的情况下，基于对象的分类总精度要比基于像元的分类总精度高了近 30%。

通过比较采用了 GLCM 纹理特征与 RK 纹理特征的分类结果的精度(表 12.3)，可以看到：无论是基于像元的分类结果，还是基于对象的分类结果，两种纹理特征的分类结果的总精度与 Kappa 系数均相差无几(OA：±0.5%；Kappa：<0.01)。但上述分类过程中，基于 GLCM 纹理特征和基于 RK 纹理特征的分类在特征维数上是不同的。基于 GLCM 方法提取的纹理有 24 个，而 RK 纹理只有 1 个，前者分类特征的总维数为 43(Pol：19；GLCM：24)，后者的分类特征总维数为 20(Pol：19；RK：1)。在训练样本数相同的情况下，根据 Hughes 现象可知，特征维数较大的情况下会出现分类精度降低的现象(Hughes，1968)。因此，为了更公平地对比分析两种纹理提取方法，将从两方面做进一步的对比和分析。首先，采用主成分分析的方法(Principal Component Analysis，PCA)对 GLCM 提取的纹理特征集进行了主成分变换，然后逐步将主成分特征加入分类器，分析分类精度随特征维数与信息冗余程度的变化趋势；其次，将 GLCM 提取的 24 个纹理特征分别单独加入分类器，分析 GLCM 提取的单一纹理特征的分类潜力。

如图 12.21 所示，整体上基于像元和基于对象的变化趋势是不同的。基于像元的分类精度随着主成分数目的增加，精度呈上升趋势，在 8 个主成分的情况下开始趋于稳定。而基于对象的分类精度，在 6 个主成分的情况下达到最高精度后，开始呈下降趋势，呈现典型的 Hughes 现象。这种差异主要应该是由训练样本数的差异造成的，虽然基于像元和基于对象分类采用相同的训练样本，但像元和对象尺度的不同，使得相同训练区范围内，基于对象分类的训练样本数要远小于基于像元分类的样本数。所以，基于像元的分类拥有充足的训练样本，分类精度不受特征维数的影响。与之相反，基于对象的分类由于样本数量的有限，在特征维数较大、信息开始冗余时，分类精度开始呈现明显的下降趋势。

图 12.22 显示了分类精度随不同 GLCM 纹理特征的变化趋势。可以看到，不同的 GLCM 纹理特征以及不同方向的同一纹理特征的分类精度都存在着差异。基于像元分类时，加入单一 GLCM 纹理特征的分类精度要远低于加入全部 GLCM 纹理特

征以及加入 RK 纹理特征的分类精度；基于对象分类时，总体上 GLCM 的单一纹理特征的分类精度要低于加入 RK 纹理特征的分类精度。但有相当一部分 GLCM 单一纹理特征的分类精度要高于GLCM全部加入时的分类精度，其主要原因应与图 12.21 的分析相同，即在有限训练样本数的情况下，分类精度更容易受到冗余信息的影响。

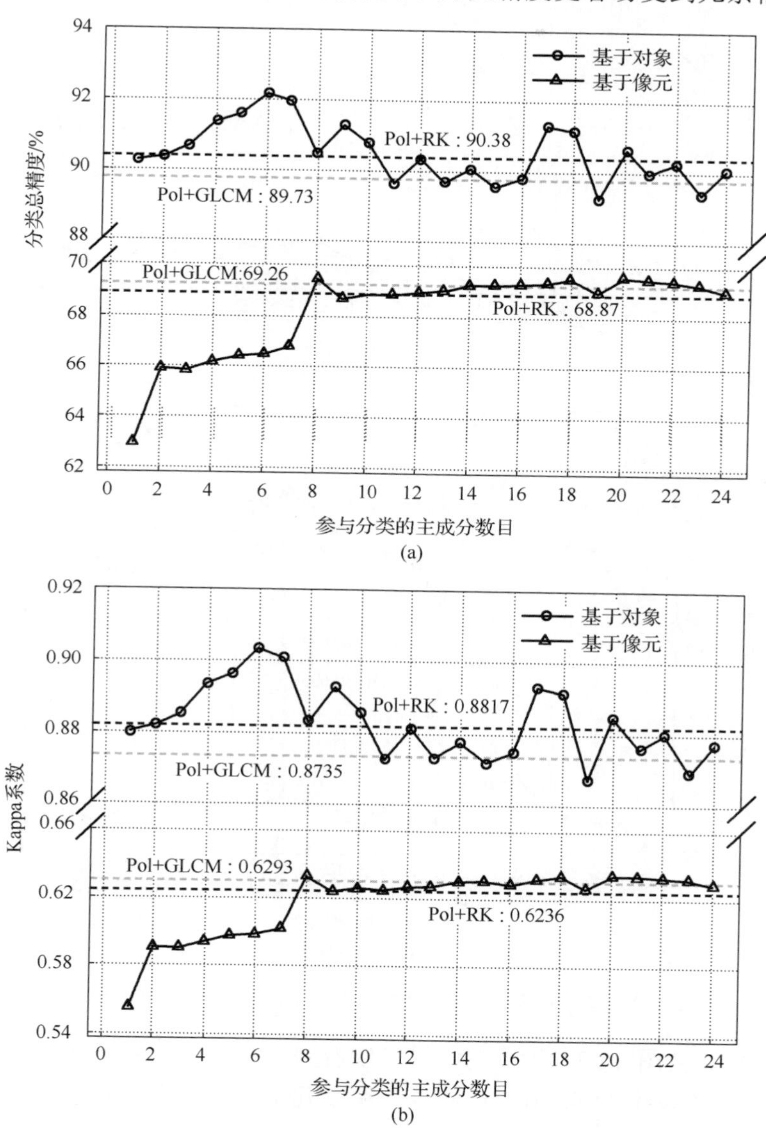

图 12.21　分类精度随参与分类的 GLCM 主成分数目的变化趋势

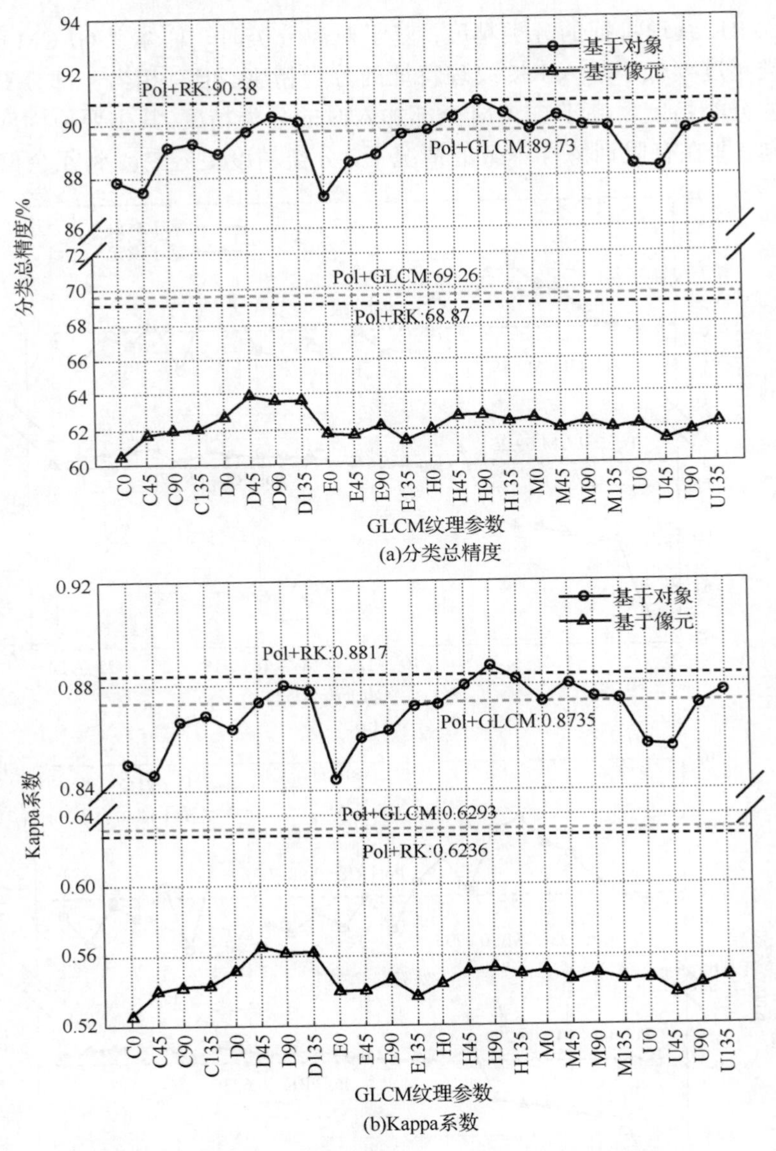

图 12.22　分类精度随不同 GLCM 纹理参数的变化趋势

由图 12.21 及图 12.22 所示的结果可以看到：总体上，基于像元分类时，基于 RK 纹理特征的分类精度与 GLCM 的分类精度几乎没有差别。基于对象分类时，基于 RK 纹理特征的分类精度整体上要高于 GLCM 的单一纹理特征的分类精度，但略低于 GLCM 纹理特征集 PCA 处理后的最高分类精度，但精度差距并不显著(OA: <2%；Kappa：<0.02)。这在一定程度上说明了新的纹理特征 RK 的有效性，即 RK

纹理特征可以实现与传统经典的基于GLCM提取的纹理特征在PolSAR影像分类精度方面具有相近的表现。而从 PolSAR 影像的数据特点考虑，RK 纹理特征要明显优于GLCM 纹理特征。因为 RK 纹理特征具有 PolSAR 影像统计建模的理论基础，可以直接应用于 PolSAR 影像的多视协方差复数矩阵数据，而且通过一个特征就表现了PolSAR 影像的纹理信息。因此，降低了分类时的特征维数，免去了特征选择或者特征降维的步骤，在训练样本有限的情况下，有一定的优势。而 GLCM 提取纹理特征的方法需要在灰度影像空间上计算。因此需要转换 PolSAR 影像数据格式，而且计算出的纹理特征数量众多，可达几十种，甚至上百种。复杂的计算步骤、较多数量的特征均增加了分类过程的复杂以及工作量的增大，不利于整个分类过程快速高效的进行。

该应用示范实例基于国产机载 C 波段的高分辨率 PolSAR 影像，采用适用于PolSAR 影像的谱图分割算法完成了 PolSAR 影像的分割，然后在分割的基础上采用SVM 分类器进行了面向对象的土地利用类型分类。为比较基于像元与基于对象以及不同特征组合的分类结果的差异，分别进行了基于像元和基于对象的极化特征、极化与 GLCM 纹理特征、极化与 RK 纹理特征的分类，并基于混淆矩阵对分类结果进行了详尽的比较分析。

该示范实例表明：①基于对象的分类结果要明显优于基于像元的分类结果，有效降低了分类结果中“椒盐”现象的影响。分类总精度方面，基于对象的分类精度比基于像元的分类结果高 20%～25%，Kappa 系数高 0.35 左右。②纹理信息对于高分辨率 PolSAR 影像的分类精度提升明显，尤其对于基于像元的分类方法，可有效降低类别间的混分现象，能提高总精度 10%左右，对于基于对象的分类精度也有一定程度的提升，能提高总精度 2.5%左右。③新的 RK 纹理特征，在分类效果方面与传统经典的 GLCM 方法有着近似的表现，而 RK 纹理特征具有更适用于 PolSAR 影像数据的优势，且计算简单，因此要优于传统的 GLCM 方法。

面向对象的分类方法的一大优势，即基于分割对象可以提取比基于像元时更丰富分类特征，由于众多分类特征服从的统计分布一般都未知，所以这时应首选非参数的分类器进行分类，本示范的分类结果也能表明 SVM 是一种性能优良的分类器。在提取分类特征方面，本示范主要通过比较不同特征组合的分类结果之间的优劣差异，表明了纹理特征对于高分辨率 PolSAR 影像分类的重要性，而实际上基于前人研究成果还可以提取更多类型的影像特征，如雷达植被指数(Radar Vegetation Index，RVI)、香农熵等。因此，可以将这些特征都用于 PolSAR 影像的分类，可能会提升部分地物的分类精度。但是，如果提取过多的分类特征，会造成分类效率降低；而且容易产生特征间信息冲突和冗余的情况，影响分类的精度，这时往往需要通过特征选择的方法来优选特征。实质上，与其提取大量可能冗余的特征，不如直接针对于 PolSAR 影像的数据特点，挖掘少量对于分类识别更有效的特征，例如，本示范利用的 RK 纹理特征，在保证分类精度的前提下，直接简化了 PolSAR 影像纹理信息的提取过程，提高了分类效率，有利于 PolSAR 影像分类算法的实际应用。

12.4　高分辨率机载干涉 SAR 森林树高估测

森林树高作为重要的森林垂直结构参数，是估测森林地上生物量，进而估测森林碳储量的重要因子。InSAR 技术已经日渐应用于森林树高的估测，按波长区分，可分为长波长 InSAR 与短波长 InSAR。长波长 InSAR 数据通常需要通过重轨获取，难以避免时间去相干的影响，并且长波长穿透性较强，不采用极化干涉 SAR 测量模式往往难以得到理想的冠层相位中心高度。相比较而言，短波长双天线 InSAR 则凸显出一些优势：①无时间去相干，干涉相干主要由地表和植被本身引起，具有潜在的森林参数估测能力；②波长较短，可以认为干涉相位高度位于树冠顶部，InSAR 测量的 DSM 代表了冠层高度。目前国内外具有这种优势的 InSAR 观测系统主要有两类，一类是机载双天线 InSAR 系统，如由中国测绘科学研究院牵头研制的机载多波段多极化干涉 SAR 系统；另一类是双星绕飞双基地星载 InSAR 系统，如德国的 TanDEM-X 卫星。

目前国内外学者已针对 TanDEM-X 数据开展了森林树高估测方法研究，其中最为常用的方法有两类：一类为基于结构函数假设的估测法，通过体去相干模型（Praks et al., 2012；Kuglerl et al., 2010；2014）或者基于双层模型估测森林树高（Soja et al., 2014；2015），但此两种方法需要已知的高精度的 DEM 估测地相位；另一类为基于无结构函数假设的估测法，通常利用干涉相位得到 DSM，进而通过已知的高精度 DEM 得到树高（Soja and Lars, 2013; Sadeghi et al., 2014; Solberg et al., 2015）。

以上研究一方面反映了 TanDEM-X 估测树高的潜力，同时也反映出存在的问题，即由于 X 波段难以探测地表相位，不论是基于结构函数假设的估测法还是无结构函数假设的估测法，只要涉及地相位，都必须借助已知的高精度 DEM，难以应用于缺乏高精度 DEM 的森林区域。所以，在忽略地相位的情况下，利用相干幅度信息估测森林树高成为重要途径，具有更高的实际应用价值。

Cloude 等（2013）就这一方法开展了相关研究，采用 sinc 反演模型，利用相干幅度得到了树高估测结果，但所用的相干幅度是通过 TanDEM-X 双极化优化得到的，对于单极化相干幅度能否得到高精度的估测结果尚未见相关报道。

本应用示范针对以上国内外研究进展和国内可获取的机载 InSAR 数据的特点，开展了基于机载 X 波段双天线 InSAR 单极化数据的森林树高估测实验，展示了机载 X 波段 HH 极化双天线 InSAR 数据树高估测方法，并与差分法进行对比，评价了模型性能。

12.4.1　应用示范区及数据

(1)应用示范区概况。应用示范区位于内蒙古依根农林交错区，中心经纬度坐标为 50°2′35.2″N，120°6′14.64″E，地面平均高程为 650m，地势起伏相对平缓，主要树种为白桦(*Betula platyphylla Suk.*)。

(2)机载 SAR 数据。2013 年 9 月 13 日在示范区开展了机载 SAR 飞行实验，获取了 X 波段 HH 极化双天线 InSAR 数据，成像数据为单视复数据，波长为 0.03m，方位向分辨率为 0.35m，距离向分辨率为 0.25m，中心入射角为 45.77°。

(3)机载 LiDAR 数据。2012 年 8 月至 9 月在示范区开展了机载 LiDAR 飞行实验，获取了激光雷达点云数据，点云密度平均值为 5.6 点/m^2，由 LiDAR 数据提取了示范区的 DEM、冠层高度模型(CHM)等产品数据，CHM 已利用样地实测林分树高进行了标定，可用于自机载 SAR 数据提取的森林树高信息的精度检验。

12.4.2　森林树高估测方法

总的干涉相干通常由以下主要几项去相干组成：

$$|\gamma| = \gamma_n \gamma_t \gamma_{\text{proc}} \gamma_B \gamma_v \tag{12.7}$$

式中，γ_n 表示噪声去相干；γ_t 表示两次采集时，由散射体的变化引起的去相干，称为时间去相干；γ_{proc} 表示数据处理误差引起的去相干，如配准误差等；γ_B 称为基线去相干，表示两次采集时，由几何参数的差异引起的去相干，如入射角等；γ_v 是由分辨单元内垂直方向的散射体的分布引起两次采集时散射发生差异，从而产生去相干，称为体去相干。

在这几项去相干中，γ_n、γ_B 可在预处理时通过滤波等方法改善，γ_{proc} 可以由精配准获得最大程度的补偿，对于双天线 InSAR 数据，γ_t 可以忽略。

RVoG 模型(式 12.8)能够较好地反映出植被结构参数和简化散射过程的复杂度，是极化干涉 SAR 估测树高最为常用的模型，其包含了地面散射和体散射两部分。由于 X 波段穿透能力弱，并且入射角较大，难以探测到地表，可以合理地假设地表贡献为零，则地体散射比 μ=0，这时根据 RVoG 模型，可以认为体去相干近似等于总去相干。

$$\gamma = \mathrm{e}^{\mathrm{j}\varphi_0}\left[\gamma_v + \frac{\mu}{1+\mu}(1-\gamma_v)\right] \tag{12.8}$$

式中，γ 为总去相干；μ 为地体散射比；φ_0 为地形相位。

如果森林垂直方向上随高度变化的相对反射率用函数 $f(z')$ 表示，则

$$S_1 S_2^* = \int_{Z_0}^{Z_0+h} f(z')\mathrm{e}^{\mathrm{j}k_z z'}\mathrm{d}z' \tag{12.9}$$

式中，S_1和S_2是基线两端的复信号。Z_0是林层下地面的高度，h 是分辨单元内树的平均高，对积分范围做变换，设$Z = Z' - Z_0$，则

$$S_1 S_2^* = \mathrm{e}^{\mathrm{j}k_Z z_0} \int_0^h f(z) \mathrm{e}^{\mathrm{j}k_Z z} \mathrm{d}z \tag{12.10}$$

相应的体去相干表达式为

$$\gamma_v = \mathrm{e}^{\mathrm{j}k_Z z_0} \frac{\int_0^h f(z) \mathrm{e}^{\mathrm{j}k_z z} \mathrm{d}z}{\int_0^h f(z) \mathrm{d}z} \xrightarrow{z_L = \frac{2Z}{h_v} - 1} \mathrm{e}^{\mathrm{j}k_Z z_0} \mathrm{e}^{\mathrm{j}\frac{k_z h}{2}} \frac{\int_{-1}^1 (1 + f(z_L)) \mathrm{e}^{\mathrm{j}\frac{k_z h}{2} z_L} \mathrm{d}z_L}{\int_{-1}^1 (1 + f(z_L)) \mathrm{d}z_L} \tag{12.11}$$

对$f(z_L)$进行勒让德展开，即

$$f(z_L) = \sum_n a_n P_n(z_L) \tag{12.12}$$

$$a_n = \frac{2n+1}{2} \int_{-1}^1 f(z_L) P_n(z_L) \mathrm{d}z' \tag{12.13}$$

则体去相干表达式变换为

$$\begin{aligned}
\gamma_v &= \mathrm{e}^{\mathrm{j}k_Z z_0} \mathrm{e}^{\mathrm{j}k_v} \frac{\int_{-1}^1 \left(1 + \sum_n a_n P_n(z_L)\right) \mathrm{e}^{\mathrm{j}k_v z_L} \mathrm{d}z_L}{\int_{-1}^1 \left(1 + \sum_n a_n P_n(z_L)\right) \mathrm{d}z_L} \\
&= \mathrm{e}^{\mathrm{j}k_Z z_0} \mathrm{e}^{\mathrm{j}k_v} \frac{(1+a_0)\int_{-1}^1 \mathrm{e}^{\mathrm{j}k_v z_L} \mathrm{d}z_L + a_1 \int_{-1}^1 P_1(z_L) \mathrm{e}^{\mathrm{j}k_v z_L} \mathrm{d}z_L + a_2 \int_{-1}^1 P_2(z_L) \mathrm{e}^{\mathrm{j}k_v z_L} \mathrm{d}z_L + \cdots}{(1+a_0)\int_{-1}^1 \mathrm{d}z_L + a_1 \int_{-1}^1 P_1(z_L) \mathrm{d}z_L + a_2 \int_{-1}^1 P_2(z_L) \mathrm{d}z_L + \cdots} \\
&= \mathrm{e}^{\mathrm{j}k_Z z_0} \mathrm{e}^{\mathrm{j}k_v} \frac{(1+a_0) f_0 + a_1 f_1 + a_2 f_2 + \cdots}{(1+a_0)} \\
&= \mathrm{e}^{\mathrm{j}k_Z z_0} \mathrm{e}^{\mathrm{j}k_v} (f_0 + a_{10} f_1 + a_{20} f_2 + \cdots)
\end{aligned} \tag{12.14}$$

式中，$a_{i0} = \frac{a_i}{1+a_0}$，$k_v = \frac{k_z h}{2}$。

截取第 0 阶展开式得

$$\gamma_V = \mathrm{e}^{\mathrm{j}k_Z z_0} \mathrm{e}^{\mathrm{j}k_v} f_0 = \mathrm{e}^{\mathrm{j}k_Z z_0} \mathrm{e}^{\mathrm{j}\frac{1}{2}k_Z h} \frac{\mathrm{sinc}\left(\frac{1}{2} k_z h\right)}{\frac{1}{2} k_z h} \tag{12.15}$$

式中

$$f_0 = \frac{1}{2} \int_{-1}^1 \mathrm{e}^{\mathrm{j}k_v Z_L} \mathrm{d}z_L = \frac{\sin(k_v)}{k_v} \tag{12.16}$$

对式(12.15)两边取模，则得到相干幅度与树高的关系，进而得到树高估测模型：

$$\left|\gamma_v\right| = \frac{\operatorname{sinc}\left(\frac{1}{2}k_z h\right)}{\frac{1}{2}k_z h} \tag{12.17}$$

$$h = \frac{2\operatorname{arcsinc}\left(\left|\gamma_V\right|\right)}{k_z} = \frac{2\pi\left(1 - 2\operatorname{asin}\left(\left|\gamma_V\right|^{0.8}\right)/\pi\right)}{k_z} \tag{12.18}$$

式中

$$\left|\gamma_v\right| = \frac{\left\langle\left|s_1 s_2^* \mathrm{e}^{-\mathrm{j}\varphi_0}\right|\right\rangle}{\sqrt{\left\langle\left|s_1\right|^2\right\rangle\left\langle\left|s_2\right|^2\right\rangle}} \tag{12.19}$$

式中，$\left|\gamma_v\right|$为相干幅度；φ_0为地形相位；$|*|$表示取模；$\langle * \rangle$表示取平均。

k_z为有效波束，其表达式为

$$k_z = n\frac{2\pi}{\lambda}\frac{\Delta\theta}{\sin\theta} \approx n\frac{2\pi}{\lambda}\frac{B_\perp}{R\sin\theta} \tag{12.20}$$

这里所用的双天线 InSAR 系统采用乒乓测量模式，所以 n=1，则

$$k_z = \frac{2\pi B_\perp}{\lambda R\sin\theta} \tag{12.21}$$

12.4.3　估测结果及精度评价

基于估测模型(式(12.18))得到了估测树高分布图(图 12.23(b))，比较图 12.23(b)和图 12.23(a)可以看出，估测结果与图 12.23(a)的 LiDAR CHM 具有很好的一致性，体现出了此方法的有效性。为对估测结果进行严格的定量评价，利用均匀选取的检验样本进行精度检验，精度检验结果如图 12.24(a)所示，R^2 为 0.81，RMSE 为 1.20m，总精度为 86.4%，可以看出，样本点分布在 1∶1 线上，表明估测得到的高度可作为实际树高，不需要实测树高进行标定。

为评价相干幅度法的性能，这里将此估测方法与差分法进行了对比，利用差分法估测树高是指基于干涉相位得到的 DSM 与已知 LiDAR DEM 作差，从而得到树高，估测结果如图 12.23(c)所示，利用相同的检验样本进行精度评价(图 12.24(b))，R^2 为 0.86，RMSE 为 2.74m，总精度为 68.2%，由图 12.24(b)可以看出，估测结果总体偏低，这是由于验证样本值为冠层顶部高度的算术平均高，而示范区内树高偏低，密度偏小，X 波段呈现出了一定的穿透性，所以，相位中心低于冠层顶部高度。利用样本对估测结果进行标定，标定后与 LiDAR CHM 的关系如图 12.24(c)所示，R^2 为 0.86，RMSE 为 0.97m，总精度为 88.7%，精度有大幅度提高。

相干幅度法与差分法都得到了较高的估测精度，前者的估测精度稍低于后者（图 12.24(a)、图 12.24(c)），但后者需要已知的高精度 DEM，并且由于微波的穿透性相位中心偏低，估测结果还需要实测数据标定，而前者的估测树高不需要实测数据标定，也不需要已知的高精度 DEM，相比而言，相干幅度法更具有推广性。

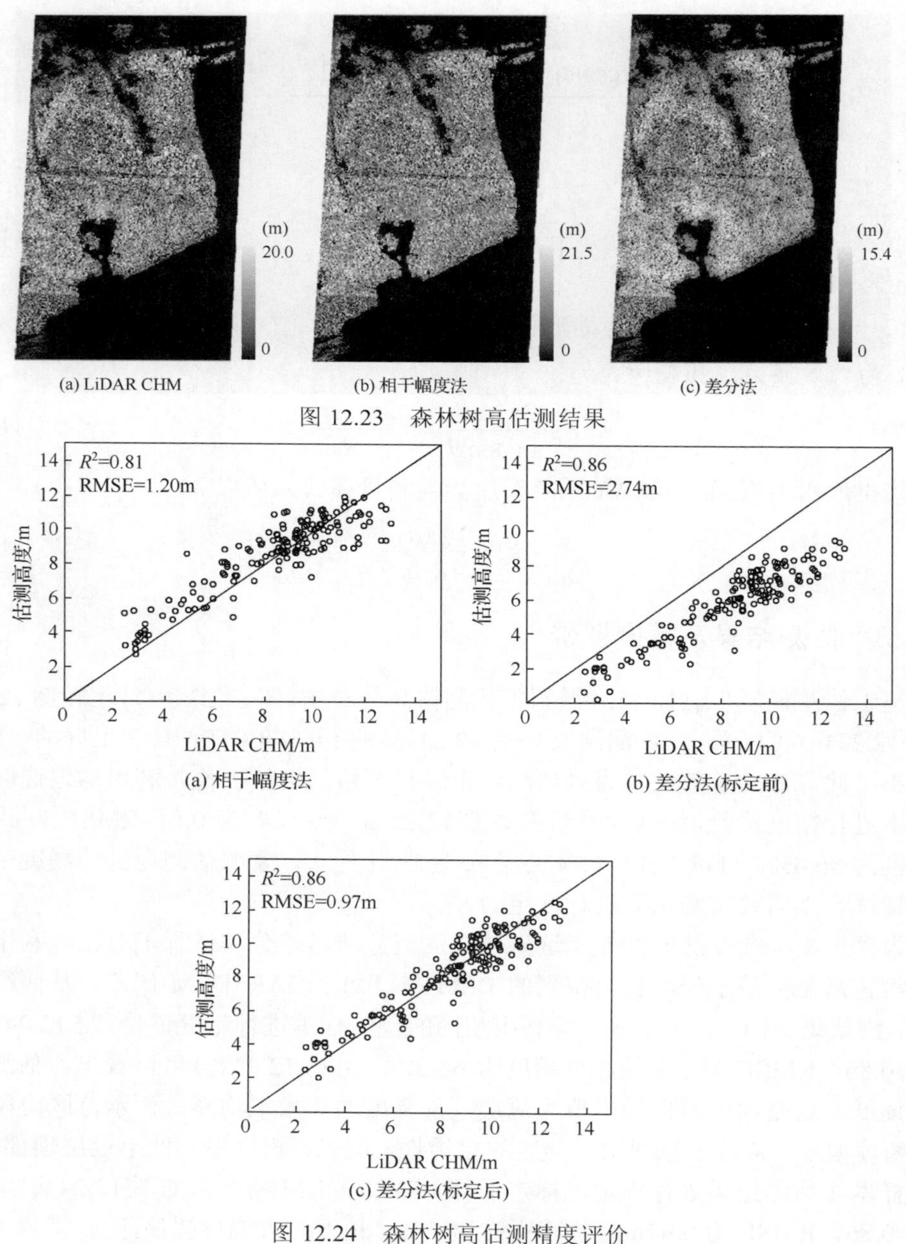

图 12.23　森林树高估测结果

图 12.24　森林树高估测精度评价

本应用示范基于机载X波段HH极化的双天线InSAR数据展示了森林树高的估测方法，结果表明，基于单极化相干幅度的估测模型也可以得到较高的估测精度，与差分法的估测结果相比，虽然估测精度略有降低，但估测结果不需要实测样地数据标定，而且不需要高精度的DEM，具有更强的实用性。

12.5　高分辨率机载极化SAR森林地上生物量估测

森林作为重要的碳储存库通过与土壤、大气等相互作用来保持陆地生态系统平衡，而森林生物量正是反映森林碳储存能力的关键参数。微波具有一定的穿透作用，长波长SAR(如L波段、P波段)能够获取森林中下部或内部信息，已逐渐应用于森林AGB估测研究。基于PolSAR数据估测森林AGB，后向散射强度是重要的可利用特征，以往研究表明强度与森林AGB存在一定的关系(陈尔学，1999; Sandberg et al.，2009; Sandberg et al.，2011)，基于强度信息建立模型是估测森林AGB的重要途径。

由于SAR的侧视成像方式，其后向散射受复杂地形影响严重，特别对于定量反演，复杂地形的影响不可忽视。为减少复杂地形对于SAR的影响，需要对数据进行地形辐射校正(Radiometric Terrain Correction，RTC)。目前该方面研究主要利用投影角(Frey et al.，2013；Löw and Mauser，2007；Ulander，1996；Wegmuller，1999)，或者根据面积积分进行辐射校正(Small et al.，2009；2010；Small，2011)，对于以单次散射和二次散射为主的非植被区域，该方法对地形引起的后向散射异常有一定的改善作用，而对于结构复杂的森林区域，由于存在森林内部以及森林—地面—森林间的多次散射现象，地形变化引起的多次散射的变化难以定量描述，虽然利用地形辐射校正的方法能够相对地改善地形对森林后向散射的影响，但其校正的效果是否适用于森林AGB的定量估测，尚没有得到充分的验证。

所以，将地形因子直接引入估测模型成为复杂地形下的森林AGB估测的重要方法。目前，对此类方法的研究相对较少，引入的地形因子主要包括当地入射角(Saatchi et al.，2007)、球面角(Soja et al.，2010)，建立的模型主要为统计模型，如多项式模型，此类方法虽缺乏物理意义，但考虑了地形对后向散射的综合影响，且不需要考虑地形对森林的具体影响方式。本应用示范将依据这一思路利用机载P波段PolSAR数据开展复杂地形下的森林AGB估测方法研究。

由以往的研究可以看出，复杂地形的变化对后向散射强度与森林AGB关系的影响尚缺乏可靠的分析，对估测结果的精度验证多基于地面实测样地(Saatchi et al.，2007)，不能保证覆盖所有的生物量水平以及所有的地形，另外，地形起伏会增大森林的异质性，不同尺度的样地统计值方差较大，因此，森林AGB的估测及精度验证需要考虑尺度的影响，这在以往的研究中并没有得到充分的分析验证，因此，本应用示范将利用整个示范区的LiDAR森林AGB(LiDAR数据估测的森林AGB)作为参考数据严格分析不同地形下后向散射强度与森林 AGB 的相关性变化，建立适用于复杂地形的森林 AGB 估测模型，并利用可靠样本检验不同地形、不同尺度下的估测精度，验证模型的性能同时分析尺度对估测精度的影响。

目前，在轨运行的具有较长波长的星载 SAR 只有 L 波段的 ALOS-2 PALSAR-2，P 波段的 PolSAR 数据只有机载试验数据，机载数据由于轨道高度低，入射角大，更容易受到地形的影响。国外机载 SAR 发展较早，已开展了基于机载 SAR 的森林 AGB 估测研究，而国内仍以星载 SAR 数据为主，尚未发现有关于国产机载 P 波段 PolSAR 估测森林 AGB 的报道。因此分析评价国产机载 SAR 数据估测森林 AGB 的性能及存在的问题对于促进国产 SAR 系统的发展和林业应用都具有重要的现实意义。

12.5.1 应用示范区及数据

(1) 应用示范区概况。应用示范区位于内蒙古自治区根河市林区，中心经纬度坐标为 50°24′39.80″N，120°36′15.90″E，属于典型的大兴安岭林区，平均高程 650m，地势起伏相对平缓。雨季为每年 7～8 月；无霜期平均为 90 天，平均气温−5.3℃，极端最低气温−55℃，年较差 47.4℃，日较差 20℃，结冻期 210 天以上，境内遍布永冻层，优势树种为兴安落叶松(*Larix gmelinii*)，伴生树种有白桦(*Betula platyphylla*)、山杨(*Populus davidiana Dode*)等。

(2) 机载 SAR 数据。2013 年 9 月 13 日在示范区开展了机载 SAR 飞行实验，获取了 P 波段的全极化 SAR 数据，成像数据为单视复数据，波长为 0.5m，方位向分辨率为 0.625m，距离向分辨率为 0.666m，中心入射角为 55.058°。

(3) 机载 LiDAR 数据。2012 年 8～9 月在示范区开展了机载 LiDAR 飞行实验，获取了激光雷达点云数据，点云密度平均值为 9.33 点/m^2，由 LiDAR 数据提取了示范区的 DSM、DEM、CHM 和森林 AGB 等专题信息产品。激光雷达提取的森林 AGB(LiDAR AGB)可用于自机载极化 SAR 数据提取的森林 AGB 信息的有效性验证。

12.5.2 森林 AGB 估测方法

图 12.25(a)～(c)为 HH、HV、VV 极化后向散射强度与森林 AGB 的相关性，可见 HH、HV、VV 极化后向散射强度与森林 AGB 呈现对数关系，基于后向散射强度可建立森林 AGB 的统计估测模型，即

$$\ln(W) = a_0 + a_1\sigma_{\mathrm{HH}} + a_2(\sigma_{\mathrm{HH}})^2 + b_1\sigma_{\mathrm{HV}} + b_2(\sigma_{\mathrm{HV}})^2 + c_1\sigma_{\mathrm{VV}} + c_2(\sigma_{\mathrm{VV}})^2 \qquad (12.22)$$

式中，W 为待估测的森林 AGB；σ_{HH} 为 HH 极化后向散射强度；σ_{HV} 为 HV 极化后

向散射强度；σ_{VV} 为 VV 极化后向散射强度；$a_0 \sim c_2$ 为模型系数，可通过训练样本拟合得到。

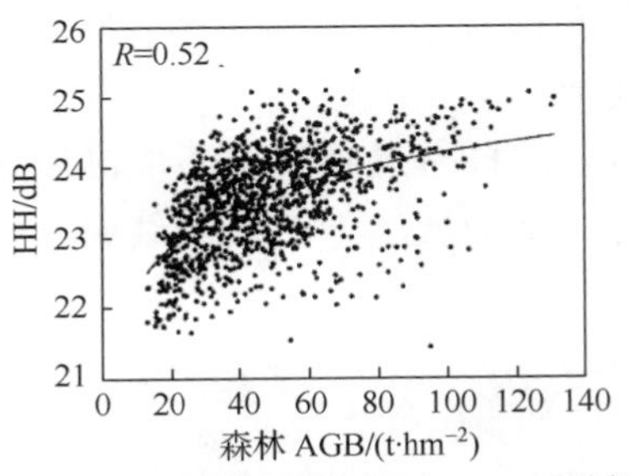

(a) HH极化后向散射强度与LiDAR AGB的相关性

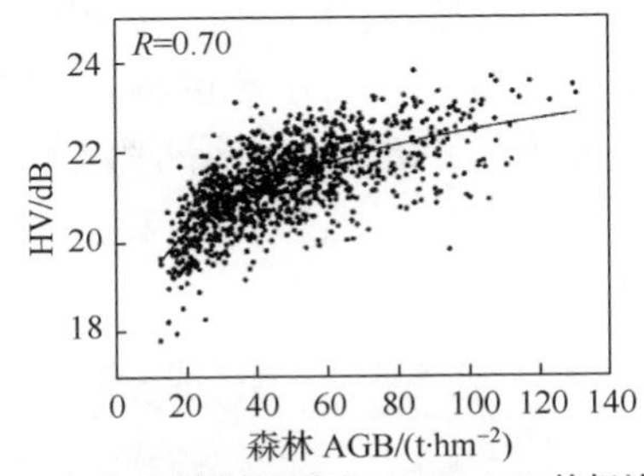

(b) HV极化后向散射强度与LiDAR AGB的相关性

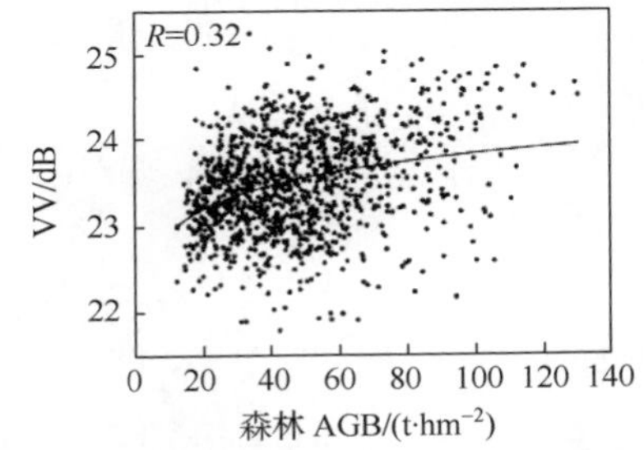

(c) VV极化后向散射强度与LiDAR AGB的相关性

图 12.25　三个极化后向散射强度与 LiDAR AGB 的相关性

为消除地形因素对森林 AGB 估测的影响，在式(12.22)的基础上引入能够综合表征地形对 SAR 信号影响的当地入射角、雷达视角因子，得

$$\begin{aligned}\ln(W) = a_0 + a_1\sigma_{HH}\cos(\theta_l - \theta_0) + a_2(\sigma_{HH}\cos(\theta_l - \theta_0))^2 \\ + b_1\sigma_{HV}\cos(\theta_l - \theta_0) + b_2(\sigma_{HV}\cos(\theta_l - \theta_0))^2 \\ + c_1\sigma_{VV}\cos(\theta_l - \theta_0) + c_2(\sigma_{VV}\cos(\theta_l - \theta_0))^2\end{aligned} \tag{12.23}$$

式中，θ_l 为当地入射角；θ_0 为雷达视角。

12.5.3　估测结果及精度评价

以机载 LiDAR 数据提取的森林 AGB 分布图为参考，以 90m×90m 的格网大小提取森林 AGB 估测模型训练样本和精度检验样本。通过训练样本分别拟合估测模型(式(12.22)、式(12.23))参数，进而利用建立的模型估测整个示范区的森林 AGB 分布图，结果如图 12.26 所示。图 12.26(a)为 LiDAR AGB 分布图，图 12.26(b)为式(12.22)得到的估测结果，图 12.26(c)为式(12.23)的估测结果。利用所有的验证样本对估测结果进行精度检验，图 12.27(a)为式(12.22)估测精度，图 12.27(b)为式(12.23)估测精度，两组估测结果的 R^2 分别为 0.583、0.608，RMSE 分别为 13.56t·hm^{-2}、13.16t·hm^{-2}，总精度分别为 78.38%、78.69%，可以看出，式(12.23)的估测精度比式(12.22)有所提高，表明引入当地入射角改善了地形的影响。但由于所用的验证样本均匀分布在示范区内，覆盖了平地及地形起伏区域，而示范区内坡度多分布在 5°左右，地形起伏严重区域较少，利用所有的样本进行检验不能准确评价引入当地入射角对地形改善的效果，因此，这里将对不同坡度下的估测结果分别进行精度检验。

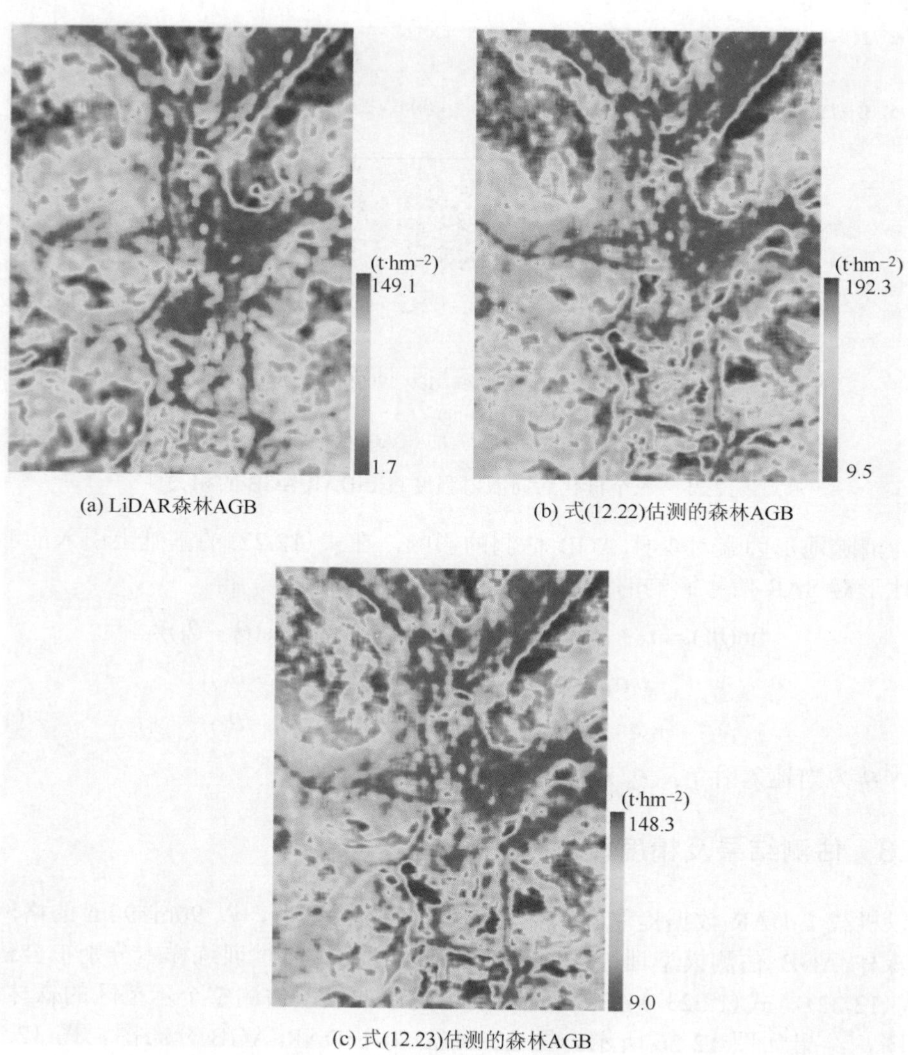

图 12.26 森林 AGB 估测结果(见彩图)

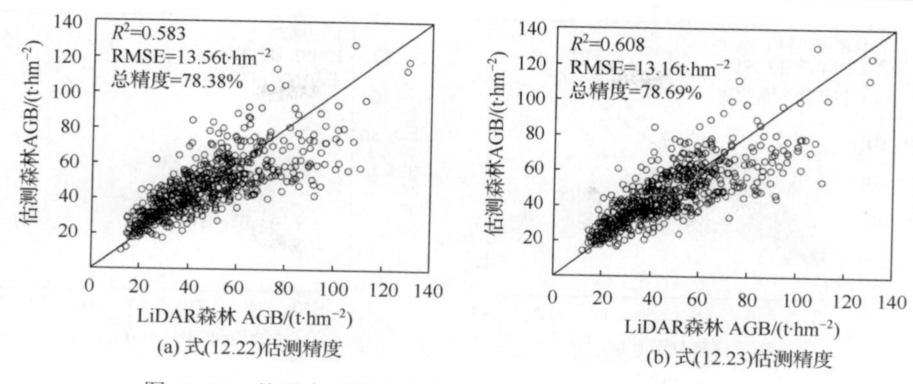

(a) 式(12.22)估测精度

(b) 式(12.23)估测精度

图 12.27 基于全部样本的森林 AGB 估测结果精度评价

由图 12.28 可知，当坡度小于 10°时(图 12.28(a)～(d))，两组特征的估测精度几乎没有差别，说明后向散射强度受较小坡度(小于 10°)的影响较小。可能的一种解释是森林结构复杂，以多次散射为主，地面以上植被部分相当于无数散射体构成的“水云”层，散射体的分布是“杂乱无章”的，对于轻微的坡度变化，“水云”层发挥了“缓冲”作用，“杂乱无章”的“水云”结构没有发生实质性的改变，故而，后向散射强度不会发生显著改变，引入当地入射角对地形影响没有明显的改善作用。分析引入当地入射角的模型(式(12.23))同样可以发现，当地形起伏较小时，有 $\theta_l \approx \theta_0$，$\cos(\theta_l - \theta_0) \approx 1$，若地表为平地，则式(12.23)等于式(12.22)。

当坡度大于 10°时，两组特征估测结果的 R^2 分别为 0.519、0.628，总精度分别为 78.55%、81.05%，RMSE 分别为 15.17t·hm^{-2}、13.16t·hm^{-2}，显然，式(12.23)的估测精度图 12.28(f)比第一组图 12.28(e)有了显著的提高，即当坡度较大时，“水云”层的结构发生了较大改变，从而造成了后向散射强度的异常，只根据强度特征已不能准确地估测森林 AGB，引入当地入射角的估测模型表现出明显的优势。

以上两组特征在不同坡度下的森林 AGB 估测精度对比分析可以看出，坡度小于 10°时，地形对基于后向散射强度的森林 AGB 估测精度几乎没有影响，坡度大于 10°时，地形的影响显著，引入当地入射角的估测模型可以有效地提高估测精度，说明了此方法的有效性。

在该应用示范实例中，为了校正地形对森林 AGB 估测的影响，在基于极化 SAR 后向散射系数的森林 AGB 经验估测模型中加入了当地入射角因子，综合利用后向散射系数与当地入射角特征，提高了森林 AGB 的估测精度，特别是地形起伏较大的区域。

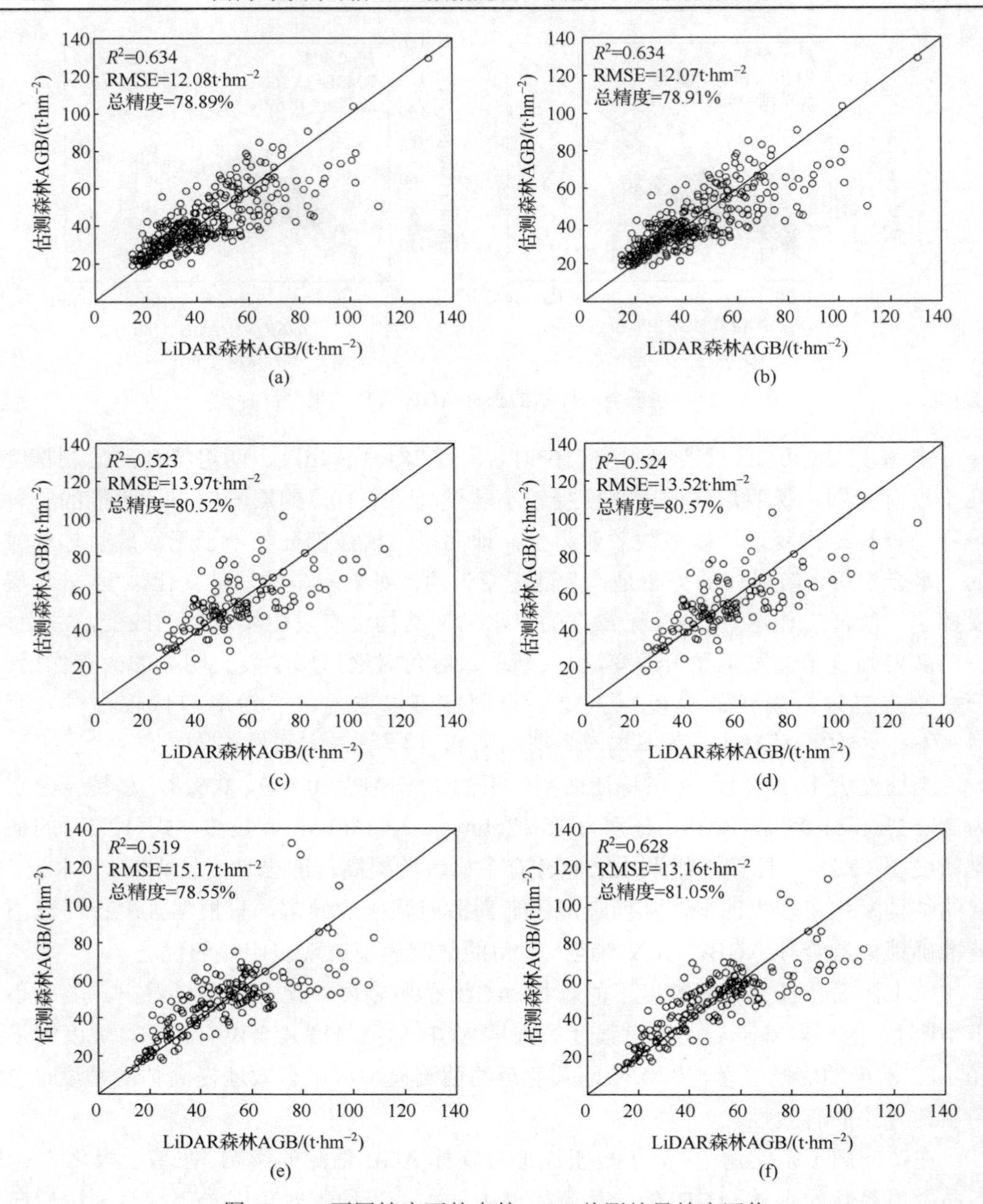

图 12.28　不同坡度下的森林 AGB 估测结果精度评价

(a)、(b)：坡度小于 5°时，式(12.22)、式(12.23)估测精度；(c)、(d)：坡度大于 5°且小于 10°时，式(12.22)、式(12.23)估测精度；(e)、(f)：坡度大于 10°时，式(12.22)、式(12.23)估测精度

参考文献

白黎娜，李增元，陈尔学，等. 2003.干涉测量土地利用影像分类决策树法森林识别研究. 林业科学，39(1)：86-90.

白黎娜，李增元. 1995. ERS-1 SAR图像森林类型分类专家系统研制探讨. 遥感技术与应用，10(2)：69-72.

陈尔学，李增元，车学俭，等. 1999. 星载SAR干涉测量数据用于森林识别的初步研究//第五届全国计算机应用联合学术会议，北京.

陈尔学，李增元，庞勇，等. 2007. 基于极化合成孔径雷达干涉测量的平均树高提取技术. 林业科学，43(4)：66-71.

陈尔学，李增元，田昕，等. 2010. 星载SAR地形辐射校正模型及其效果评价. 武汉大学学报(信息科学版)，35(3)：322-327.

陈尔学，李增元. 2004. ENVISAT ASAR影像地理定位方法. 中国图象图形学报，9(8)：991-996.

陈尔学，李增元. 2006. 基于斜角坐标系变换的星载SAR直接定位算法. 高技术通讯，16(10)：1082-1086.

陈尔学. 1999. 合成孔径雷达森林生物量估测研究进展. 世界林业研究，12：23-28.

陈曦. 2008. PolSAR和PolInSAR定量提取地形高度和森林结构参数研究. 北京：中国科学院遥感应用研究所.

范立生，高明星，杨健，等. 2005. 极化SAR遥感中森林特征提取. 电波科学学报，5(5)：553-556.

方勇，常本义，胡海彦，等. 2006. 星载SAR图像数字测图技术研究. 测绘通报，8：6-8.

冯琦，陈尔学，李文梅，等. 2012. 基于ALOS PALSAR数据的热带森林制图技术研究. 遥感技术与应用，27(3)：436-442.

国家测绘地理信息局. 2010. 基础地理信息数字成果 1∶5000 1∶10000 1∶25000 1∶50000 1∶100000数字正射影像图，CH/T 9009. 3—2010.

国家林业局. 2003. 森林资源规划设计调查主要技术规定.

国家林业局. 2004. 森林资源规划设计调查主要技术规定.

国家质量检验检疫总局. 1992. 1∶5000 1∶10000地形图航空摄影测量内业规范，GB/T 13990—92.

李新武，郭华东，李震，等. 2005. 用SIR-C航天飞机双频极化干涉雷达估计植被高度的方法研究. 高技术通讯，15(7)：79-84.

李增元，车学俭. 1994. ERS-1 SAR影像森林应用研究初探. 林业科学研究，7(6)：692-696.

李增元，庞勇，陈尔学. 2003. ERS SAR干涉测量技术用于区域尺度森林制图研究. 地理与地理信息科学，19(4)：66-70.

李哲, 陈尔学, 王建. 2009. 几种极化干涉 SAR 森林平均高反演算法的比较评价. 遥感技术与应用, 24(5): 611-616.

廖静娟, 邵芸. 2000. 多参数 SAR 数据森林应用潜力分析. 遥感学报, 4(z1): 129-134.

凌飞龙, 李增元, 陈尔学, 等. 2012. ENVISAT ASAR 的区域森林-非森林制图. 遥感学报, 16(5): 1100-1113.

庞蕾, 张继贤. 2004. 高分辨率机载 SAR 影像空中三角测量模型. 测绘科学, 29(6): 38-40.

舒宁. 2003. 微波遥感原理. 武汉: 武汉大学出版社.

谭炳香. 2006. 高光谱遥感森林类型识别及其郁闭度定量估测研究. 北京: 中国林业科学研究院.

王超, 张红, 刘智. 2002. 星载合成孔径雷达干涉测量. 北京: 科学出版社.

闫成新, 桑农, 张天序. 2006. 基于图论的图像分割研究进展. 计算机工程与应用，5:11-15.

由里. 2011. 基于谱聚类的图像分割方法研究. 长沙: 国防科学技术大学.

余丽琼, 周振宇, 郭绍忠. 2004. Condor 系统在大吞吐量计算中的应用. 信息工程大学学报, (3): 77-79.

袁修孝. 2001. GPS 辅助空中三角测量原理及应用. 北京: 测绘出版社.

袁修孝, 吴颖丹. 2010. 缺少控制点的星载 SAR 遥感影像对地目标定位. 武汉大学学报(信息科学版), 35(1): 88-91.

张红. 2002. D-InSAR 与 PolInSAR 的方法及应用研究. 北京: 中国科学院遥感应用研究所.

张继贤，杨明辉，黄国满．2004. 机载合成孔径雷达技术在地形测绘中的应用及其进展．测绘科学, 29(6)：24-26.

张力，张继贤，陈向阳，等. 2009. 基于有理多项式模型 RFM 的稀少控制 SPOT-5 卫星影像区域网平差. 测绘学报, 38(4): 302-310.

张艳梅. 2012. 融合极化和纹理特征的 SAR 影像面向对象分类. 青岛: 山东科技大学.

张祖勋，张剑清. 1996. 数字摄影测量学. 武汉: 武汉测绘科技大学出版社.

赵英时. 2003. 遥感应用分析原理与方法. 北京: 科学出版社.

中华人民共和国国土资源部行业标准. 1999. 土地利用动态遥感监测规程. 北京: 地质出版社.

周广益, 熊涛, 张卫杰, 等. 2009. 基于极化干涉 SAR 数据的树高反演方法. 清华大学学报(自然科学版), 49(4): 510-513.

周勇胜, 洪文, 曹芳. 2011. 极化干涉 SAR 森林高度估计性能仿真研究. 计算机仿真, (4):384-387.

朱彩英，蔡旺森. 1991. 机载合成孔径雷达立体图像的解析测图. 测绘学报, 20(3): 225-232.

邹同元, 杨文, 代登信, 等. 2009. 一种新的极化 SAR 图像非监督分类算法研究. 武汉大学学报, 34(8): 90-95.

Achard F, Estreguil C. 1995. Forest classification of southeast asia using NOAA/AVHRR data. Remote Sense, 54(3): 198-208.

Anderson G L, Hanson J D, Haas R H. 1993. Evaluating Landsat thematic mapper derived vegetation indices for estimating above-ground biomass on semiarid rangelands. Remote Sensing Environment, 45: 165-175.

Arii M, Zyl J J V, Kim Y. 2011. Adaptive model-based decomposition of polarimetric SAR covariance matrices. IEEE Transactions on Geoscience and Remote Sensing, 49(3): 1104-1113.

Balzter H, Rowland C S, Saich P. 2007. Forest canopy height and carbon estimation at monks wood national nature reserve, UK, using dual-wavelength SAR interferometry. Remote Sensing of Environment, 108(3): 224-239.

Bamler R, Hartl P. 1998. Synthetic aperture radar interferometry. Inverse Problems, 14 (4): 1-54.

Benz U, Pottier E. 2001. Object based analysis of polarimetric SAR data in alpha-entropy-anisotropy decomposition using fuzzy classification by ecognition// Proceedings of the IEEE 2001 International Geoscience and Remote Sensing Symposium, Sydney: 1427-1429.

Bortolot Z J, Wynne R H. 2005. Estimating forest biomass using small footprint LiDAR data: An individual tree-based approach that incorporates training data. ISPRS Journal of Photogrammetry and Remote Sensing, 59(6): 342-360.

Cartus O M, Santoro C, Schmullius Z Y, et al. 2011. Large area forest stem volume mapping in the boreal zone using synergy of ERS-1/2 tandem coherence and MODIS vegetation continuous fields. Remote Sensing of Environment, 115(3): 931-943.

Cloude S R. 2006. Polarization coherence tomography. Radio Science, 41(4): 1-27.

Cloude S R. 2007. Dual-baseline coherence tomography. IEEE Geoscience and Remote Sensing Letters, 4(1): 127-131.

Cloude S R. 2009. Polarisation: Applications in Remote Sensing. Oxford: Oxford University Press: 224-233.

Cloude S R, Papathanassiou K P. 2003. Three-stage inversion process for polarimetric SAR interferometry. IEEE Radar Sonar and Navigation, 150(3): 125-134.

Cloude S R, Matthew B, Iain W. 2009. A study of forest vertical structure estimation using coherence tomography coupled to a macro-ecological scattering model// Proceedings of IEEE International Geoscience and Remote Sensing Symposium, Cape Town: 717-721.

Cloude S R, Chen H, Goodenough D G. 2013. Forest height estimation and validation using tandem-X polinSAR//Proceedings of IEEE International Geoscience and Remote Sensing Symposium, Melbourne: 1889-1892.

Cloude S R, Papathanassiou K P. 2001. Single-baseline polarimetric SAR Interferometry. IEEE Transactions on Geoscience and Remote Sensing, 39(11): 2352-2363.

D'Alessandro M M, Tebaldini S. 2012. Phenomenology of P-band scattering from a tropical forest through three-dimensional SAR tomography. IEEE Geoscience and Remote Sensing Letters, 9(3): 442-446.

de Zan F, Lee S K, Papathanassiou K P. 2009. Tandem-L forest parameter performance analysis// Proceedings of International Workshop on Applications of Polarimetry and Polarimetric Interferometry, Frascati: 46-51.

Dinh H T M, Racca F, Tebaldini S, et al. 2012. Linear and circular polarization P band SAR tomography for tropical forest biomass study // Proceedings of the 9th European Conference on Synthetic Aperture Radar, Nuremberg: 489-492.

Dongarra J, Sterling T, Simon H, et al. 2005. High-performance computing: Clusters, constellations, MPPS, and future directions. Computing in Science and Engineering, 7(2): 51-59.

Doulgeris A. 2011. Non-gaussian statistical analysis of polarimetric synthetic aperture radar images. Norway: University of Tromso.

Dunn O J. 1959. Confidence intervals for the means of dependent, normally distributed variables. Journal of the American Statistical Association, 54(287): 613-621.

Fontana A, Papathanassiou K P, Iodice A, et al. 2010. On the performance of forest vertical structure estimation via polarization coherence tomography. http://ieee.unipar-thenope.it/chapter/sarivate/proc10/22. pdf [2013-04-25].

Foody G M, Lucas R M, Curran P J, et al. 1997. Mapping tropical forest fractional cover from coarse spatial resolution remote sensing imagery. Plant Ecology, 131(1): 143-154.

Fraser C S, Dial G, Grodecki J. 2006. Sensor orientation via RPCs. ISPRS Journal of Photogrammetry and Remote Sensing ,60: 182-194.

Frey O, Santoro M, Charles L, et al. 2013. DEM-based SAR pixel-area estimation for enhanced geocoding refinement and radiometric normalization. IEEE Geoscience and Remote Sensing Letters, 10(1): 48-52.

Grodecki J, Dial G. 2003. Block adjustment of high-resolution satellite images described by rational functions. Photogrammetric Engineering and Remote Sensing, 69(1): 59-68.

Guillaso S, Reigber A. 2005. Polarimetric SAR Tomography. New York: ESA Special Publication.

He W, Jaeger M, Reigber A, et al. 2008. Building extraction from polarimetric SAR data using mean shift and conditional random fields// Proceedings of the 7th European Conference on Synthetic Aperture Radar (EUSAR), Friedrichshafen: 1-4.

Hoekman D H, Quiriones M J. 2000. Land cover type and biomass classification using AirSAR data for evaluation of monitoring scenarios in the Colombian Amazon. IEEE Transactions on Geoscience and Remote Sensing, 38(2): 685-696.

Houghton R A , Hall F, Goetz S J. 2009. Importance of biomass in the global carbon cycle. Journal of Geophysical Research, 114: G00E03.

Huang Y, Ferro-Famil L, Lardeux C. 2011. Polarimetric SAR tomography of tropical forests at P-band// Proceedings of 2011 IEEE International Geoscience and Remote Sensing Symposium, Vancouver: 1373-1376.

Huang Y, Ferro-Famil L, Reigber A. 2012. Under-foliage object imaging using SAR tomography and polarimetric spectral estimators. IEEE Transactions on Geoscience and Remote Sensing, 50(6): 2213-2225.

Hughes G F. 1968. On the mean accuracy of statistical pattern recognizers. IEEE Transactions on Information Theory, 14(1): 55-63.

Imhoff M L. 1995. Radar backscatter and biomass saturation: Ramifications for global biomass inventory. IEEE Transactions on Geoscience and Remote Sensing, 33(2): 511-518.

Krieger G, Papathanassiou K P, Cloude S R. 2005. Spaceborne polarimetric SAR interferometry: Performance analysis and mission concepts. EURASIP Journal on Applied Signal Processing, 20: 3272-3292.

Kugler F, Schulze D, Hajnsek I, et al. 2014. TanDEM-X Pol-InSAR performance for forest height estimation. IEEE Transactions on Geoscience and Remote Sensing, 52(10): 6404-6422.

Le T T, Beaudoin A, Riom J, et al. 1992. Relating forest biomass to SAR data. IEEE Transactions on Geoscience and Remote Sensing, 30(2): 403-411.

Leberl F W, Raggam J, Kobrick M. 1986. Radar stereomapping techniques and application to SIR-B images of Mt. Shasta. IEEE Transactions on Geoscience and Remote Sensing, 24(4): 473-481.

Leberl F W. 1990. Radargrammetric Image Processing. Norwood: Artech House.

Lee C A, Gasster S D, Plaza A, et al. 2011. Recent developments in high performance computing for remote sensing: A review. IEEE Journal of Selected Topics in Applied Earth Observations and Remote Sensing, 4(3): 508-527.

Lee J S, Grunes M R, Ainsworth T, et al. 2005. Forest classification based on L-band polarimetric and interferometric SAR data. ESA Special Publication, 586: 6.1-6.7.

Lee J S, Pottier E. 2009. Polarimetric Radar Imaging. Boca Raton: CRC Press.

Li W, Chen E, Li Z, et al. 2012. Combing polarization coherence tomography and PolInSAR segmentation for forest above ground biomass estimation//Proceeding of the 2012 IEEE International Geoscience and Remote Sensing Symposium, Munich: 3351-3354.

Li Z Y, Pang Y. 2005. Forest mapping using ENVISAT and ERS SAR data in northeast of China. Geoscience and Remote Sensing, 7: 5670-5673.

Liesenberg V, Gloaguen R. 2013. Evaluating SAR polarization modes at L-band for forest classification purposes in Eastern Amazon, Brazil. International Journal of Applied Earth Observation and Geoinformation, 21: 122-135.

Liu B, Hu H, Wang H, et al. 2013. Superpixel-based classification with an adaptive number of classes for polarimetric SAR images. IEEE Transactions on Geoscience and Remote Sensing, 51(2): 907-924.

Lombardini F, Cai F, Pardini M. 2009. Parametric differential SAR tomography of decorrelating volume scatterers// Proceedings of 2009 European Radar Conference, Rome: 270-273.

Lombardini F, Reigber A. 2003. Adaptive spectral estimation for multibaseline SAR tomography with airborne L-band data// Proceedings of 2003 IEEE International Geoscience and Remote Sensing Symposium, Toulouse: 2014-2016.

Lombardini F. 2005. Differential tomography: A new framework for SAR interferometry. IEEE Transactions on Geoscience and Remote Sensing, 43: 37-44.

Löw A, Mauser W. 2007. Generation of geometrically and radiometricallyterrain corrected SAR image products. Remote Sensing of Environment, 106(3): 337-349.

Lu D S. 2006. The potential and challenge of remote sensing-based biomass estimation. Remote Sensing Environment, 27(7): 1297-1328.

Lucas R M, Armston J, Fairfax R, et al. 2010. An evaluation of the ALOS PALSAR L-band backscatter-above ground biomass relationship Queensland, Australia: Impacts of surface moisture condition and vegetation structure. IEEE Journal of Selected Topics in Applied Earth Observations and Remote Sensing, 3(4): 576-593.

Luo H M, Chen E X, Li X W, et al. 2010. Unsupervised classification of forest from polarimetric interferometric SAR data using fuzzy clustering// Proceedings of the 2010 International Conference on Wavelet Analysis and Pattern Recognition, 7: 201-206.

Luo H, Chen E, Li Z, et al. 2011. Forest above ground biomass estimation methodology based on polarization coherence tomography. Journal of Remote Sensing, 15(6): 1138-1156.

Nafiseh G, Sahebi M R, Mohammadzadeh A. 2011. A review on biomass estimation methods using synthetic aperture radar data. International Journal of Geomatics and Geosciences, 1(4): 776-778.

Oliver C, Quegan S. 1998. Understanding Synthetic Aperture Radar Images. Norwood: Artech House.

Praks J, Antropov O, Hallikainen M T. 2012. LIDAR-aided SAR interferometry studies in boreal forest: Scattering phase center and extinction coefficient at X- and L-band. IEEE Transactions on Geoscience and Remote Sensing, 50(10): 3831-3843.

Praks J, Kugler M, Papathanassiou F, et al. 2008. Coherence tomography for boreal forest: Comparison with HUTSCAT scatterometer measurements//Proceedings of the 7th European Conference Synthetic Aperture Radar, Friedrichshafen: 1-4.

Quegan S, Le T T, Yu J J, et al. 2000. Multitemporal ERS SAR analysis applied to forest mapping. Geoscience and Remote Sensing, 38(2): 741-753.

Rauste Y. 2005. Multi-temporal JERS SAR data in boreal forest biomass mapping. Remote Sensing of Environment, 7(2): 263-275.

Reigber A, Moreira A. 2000. First demonstration of airborne SAR tomography using multi-baseline L-band data. IEEE Transactions on Geoscience and Remote Sensing, 38(5): 2142-2152.

Rignot E, Williams C L.1994. Mapping of forest types in alaskan boreal forests using SAR imagery. IEEE Transactions on Geoscience and Remote Sensing, 32(5): 1051-1059.

Rosenqvist A, Shimada M, Chapman B, et al. 2004. An overview of the JERS-1 SAR global boreal forest mapping (GBFM) project// Geoscience and Remote Sensing Symposium, 2: 1033-1036.

Saatchi S, Halligan K, Despain D G, et al. 2007. Estimation of forest fuel load from radar remote sensing. IEEE Transactions on Geoscience and Remote Sensing, 45(6): 1726-1740.

Sadeghi Y, St-Onge B, Leblon B, et al. 2014. Mapping forest canopy height using tandem-X DSM and airborne lidar DTM// Geoscience and Remote Sensing Symposium, Quebec City: 76-79.

Sandberg G, Ulander L M H, Johan E S, et al. 2009. Comparison of L and P band biomass retrievals based on backscatter from the bioSAR campaign// Geoscience and Remote Sensing Symposium, Cape Town: 169-172.

Sandberg G, Ulander L M H, Fransson J E S, et al. 2011. L- and P-band backscatter intensity for biomass retrieval in hemiboreal forest. Remote Sensing of Environment, 115(11): 2874-2886.

Shi J, Malik J. 2000. Normalized cuts and image segmentation. IEEE Transactions on Pattern Analysis and Machine Intelligence, 22(8): 888-905.

Small D, Miranda N, Meier E. 2009. A revised radiometric normalization standard for SAR. IEEE Transactions on Geoscience and Remote Sensing, 4: 566-569.

Small D, Miranda N, Zuberbuhler L, et al. 2010. Terrain corrected gamma: Improved thematic land-cover retrieval for SAR with robust radiometric terrain correction// ESA Living Planet Symposium, Bergen, 686: 16.1-16.8.

Small D. 2011. Flattening gamma: Radiometric terrain correction for SAR imagery. IEEE Transactions on Geoscience and Remote Sensing, 49(8): 3081-3093.

Soja M J, Lars M H U. 2013. Digital canopy model estimation from Tandem-X interferometry using high-resolution lidar DEM//Proceedings of IEEE International Geoscience and Remote Sensing Symposium, Melbourne: 165-168.

Soja M J, Lars M H U. 2014. Two-level forest model inversion of interferometric tanDEM-X data// Proceedings of the 10th European Conference on Synthetic Aperture Radar, Berlin: 1-4.

Soja M J, Persson H, Lars M H U. 2015. Estimation of forest height and canopy density from a single InSAR correlation coefficient. IEEE Geoscience and Remote Sensing Letters, 12(3): 646-650.

Soja M J, Sandberg G, Ulander L M H. 2010. Topographic correction for biomass retrieval from P-band SAR data in boreal forests//Proceedings of IEEE International Geoscience and Remote Sensing Symposium, Honolulu: 4776-4779.

Solberg S, Weydahl D J, Astrup R. 2015. Temporal stability of X-band single-pass InSAR heights in a spruce forest: Effects of acquisition properties and season. IEEE Transactions on Geoscience and Remote Sensing, 53(3): 1607-1614.

Strozzi T, Dammert P B G, Wegmuller U, et al. 2000. Landuse mapping with ERS SAR interferometry. IEEE Transactions on Geoscience and Remote Sensing, 38 (2): 766-775.

Tebaldini S, Alessandro M M, Ho T M D, et al. 2011. P band penetration in tropical and boreal forests: Tomographical results//Proceedings of IEEE International Geoscience and Remote Sensing Symposium, Vancouver: 4241-4244.

Tebaldini S, Rocca F. 2012. Multi-baseline polarimetric SAR tomography of a boreal forest at P- and L-band. IEEE Transactions on Geoscience and Remote Sensing, 50(1): 232-246.

Tebaldini S. 2008. Forest SAR tomography: A covariance matching approach// Proceedings of IEEE Radar Conference, Rome: 1-6.

Tebaldini S. 2009. Algebraic synthesis of forest scenarios from multibaseline PolInSAR data. IEEE Transactions on Geoscience and Remote Sensing, 47(12): 4132-4142.

Toutin T, Amaral S. 2000. Stereo RADARSAT data for canopy height in Brazilian forest. Canadian Journal of Remote Sensing, 26(3): 189-199.

Toutin T. 2010. Impact of RADARSAT-2 SAR ultrafine-mode parameters on stereo- radargrammetric DEMs. IEEE Transactions on Geoscience and Remote Sensing, 48(10): 3816-3823.

Toutin T. 2002. Path processing and bundle adjustment with RADARSAT-1 SAR images// Proceedings of IEEE International Geoscience and Remote Sensing Symposium, Toronto: 3432-3434.

Treuhaft R N, Chapman B D, dos Santos J R, et al. 2009. Vegetation profiles in tropical forests from multibaseline interferometric synthetic aperture radar field and lidar measurements. Journal of Geophysical Research, 114 (D23): 1470-1478.

Treuhaft R N, Madsen S N, Moghaddam M, et al. 1996. Vegetation characteristics and underlying topography from interferometric radar. Radio Science, 31(6): 1449-1485.

Treuhaft R N, Siqueira P R. 2000. Vertical structure of vegetated land surfaces from interferometric and polarimetric radar. Radio Science, 35(1): 141-177.

Ulander L M H. 1996. Radiometric slope correction of synthetic-aperture radar images. IEEE Transactions on Geoscience and Remote Sensing, 34(5): 1115-1122.

Van Zyl J J. 1993. The effects of topography on the radar scattering from vegetated areas. IEEE Transactions on Geoscience and Remote Sensing, 31(1): 153-160.

Vapnik V N. 2004. Statistical Learning Theory. Beijing: Publishing House of Electronics Industry.

Wegmuller U, Werner C. 1995. SAR Interferometric signatures of forest. IEEE Transactions on Geoscience and Remote Sensing, 33(5): 1153-1161.

Wegmuller U. 1999. Automated terrain corrected SAR geocoding. IEEE Transactions on Geoscience and Remote Sensing, 3: 1712-1714.

Woodhouse I H. 2006. Predicting backscatter-biomass and height-biomass trends using a macroecology model. IEEE Transactions on Geoscience and Remote Sensing, 44 (4): 871-877.

Yamada H, Yamaguchi Y, Kim Y. 2001. Polarimetric SAR interferometry for forest analysis based on the ESPRIT algorithm. IEICE Transactions on Electronics, E84-C(12): 1917-1924.

Zhang G, Fei W B, Li Z, et al. 2010. Evaluation of the RPC model for spaceborne SAR imagery. Photogrammetric Engineering and Remote Sensing, 76(6): 727-733.

Zhang J X, Cheng C Q, Huang G M. 2011. Block adjustment of POS-supported airborne SAR images//

International Radar Symposium, Leipzig: 863-868.

Zhang L, Balz T, Liao M S. 2012. Satellite SAR geocoding with refined RPC model. ISPRS Journal of Photogrammetry and Remote Sensing, 69: 37-49.

Zhou Y S, Hong W, Cao F. 2009. An improvement of vegetation height estimation using multi-baseline polarimetric interferometric SAR data// Proceedings of PIERS, New York: 691-695.

Zhu X, Bamler R. 2010. Super-resolution for 4-D SAR tomography via compressive sensing// Proceedings of the 2010 8th European Conference on Synthetic Aperture Radar, Aachen: 1-4.

结 束 语

当前，高空间分辨率、高时间分辨率、多波段、多极化及多角度的多模态航空航天 SAR 数据获取已经成为国际遥感领域的主流发展方向。在国内外重大应用需求驱动下，SAR 处理与解译技术正朝着定量化、精准化、高性能快速处理、基于知识和面向对象的方向发展。本书通过对 SAR 数据的精确处理，运用 SAR 干涉、极化等理论和方法，构建地物散射模型与知识库，实现面向对象的高可信 SAR 解译与处理，并将相应的成果在测绘、林业等领域实现示范和应用，取得了良好的效果，但对 SAR 数据的处理与解译仍有待进一步深入研究。其中一些具体的问题涉及以下几个方面的内容。

InSAR 相位保持滤波方面：InSAR 滤波是雷达干涉测量数据处理中的一个重要步骤，虽然部分地解决了低相干区的 SAR 影像自适应相位滤波，但还有一些问题待进一步的研究与探讨：针对不同模式、不同传感器获取的干涉数据生成的干涉图，根据相干性、条纹密度等信息进行智能的、可靠的相位滤波处理是需要进一步探讨的问题，特别是滤波参数的自动选取；对新型 InSAR 相位滤波算法（如小波滤波方法、马尔可夫随机场模型、高阶奇异值分解等）还需进一步的研究，滤波算法可以考虑在频率域、小波域等的滤波处理；另外，高分辨率 SAR 数据生成的干涉对，在植被区域、城市区域等存在大量干涉条纹不连续的现象，如何设计针对性的滤波算法是今后需要考虑的一个问题。

SAR 影像配准方面：由于 SAR 影像分辨率的提高及极化方式的多样，SAR 数据的存储容量将进一步加大，SIFT 特征匹配及最优相干系数的计算将极大地降低软件的运行效率，因此，有必要研究高效的 SAR 复影像配准方法，以在保证精度的情况下提高 SAR 影像的配准效率。我国西部高原地区，地表起伏较大，地形复杂，而 SAR 影像在这些区域的几何畸变较大，采用传统的配准方法难以保证精度，因此，有必要研究辅助 DEM 或光学影像等外部数据的 SAR 复影像配准方法，以便减少影像畸变造成的配准误差。SAR 影像精配准过程中一般只采用一种算法，由于不同传感器、不同区域、不同拍摄时间，SAR 影像的几何畸变有一定的差异，因此，有必要研究多级配准算法，针对不同畸变大小的影像采用差别化的分级配准策略，以提高执行效率。

SAR 影像幅度相位地形补偿方面：经过地形估计和补偿后，不同坡面上散射强度的对比均有不同程度的减弱，不仅由坡度差异造成的散射强弱对比得到减弱，透视压缩及叠掩区域的散射强度也得到了校正，这是由于两者都考虑了透视压缩及叠掩区域地面单元与SAR影像“多对一”的映射关系。地形补偿前后的同极化与交叉极化的相关值在裸土区补偿后更低，RCS与局部入射角的分布相关性在校正后明显降低。当利用全极化数据获取的DEM进行地形校正时，校正结果和采用LiDAR获取的高精度DEM校正结果相关性为0.88。在后续应用中需要进一步解决的问题主要是消除宽方位角模式下潜在的非各向同性散射现象引入的极化方位角估计误差。该误差将导致虚假的地形变化及后续的地形校正处理误差。因此需要从非各向同性散射贡献消除入手，完善数据预处理步骤，建立可信度更高的SAR影像幅度相位地形补偿处理流程。

影像几何处理方面：多源影像的定位自动化实现离不开规范化的影像和辅助数据格式。目前，影像辅助文件的格式差别很大，使得不同的影像进行几何处理时首先需要了解其格式，然后再按其格式解译出来，给影像的定位带来了麻烦，也给不同数据源的联合处理带来了麻烦。因此，提高多源影像定位效率及影像定位定向自动化智能化的最终实现，要求不同传感器和影像厂商提供统一的数据标准接口、规范化的影像产品。

在SAR高精度三维信息提取方面：国际上以PolInSAR、MB-InSAR、永久散射体干涉（Persistent Scatterers SAR Interferometry，PSInSAR）等技术方法为主要研究内容，我国在这些方面已取得了一些研究成果。开展不同卫星、不同模式、不同轨道方向获取的SAR影像间的干涉研究，基于PolInSAR、MB-InSAR发展森林树高、蓄积量/生物量等垂直结构参数的反演模型，融合多基线InSAR、SAR立体测量等多种技术提取地形复杂区域的高可信DEM，利用多星协同的模式进行大区域地表形变高精度反演等是需要重点研究的问题。发展多源SAR影像的自动立体匹配技术，为SAR影像的自动化处理提供基础；发展多模式InSAR和PolInSAR高精度三维地形信息提取与精化技术，推进InSAR技术在测绘生产中的应用；形成时间序列SAR影像地表形变快速处理技术，促进地质灾害的雷达监测水平；研究SAR高级（3级以上）产品的定量化处理和生产技术，提升SAR数据在林业、地理国情监测等领域中的作用；基于SAR影像数据自身特点，发展云计算环境下的多源SAR影像存储模型等是进一步重点研究的问题。TomoSAR是应用单/多基线数据分离散射体并进行立体成像，其核心是高程方向的波束形成技术，目前的发展方向是处理垂直于3维空间的差分干涉，即多轨差分层析4维（Height+Velocity）成像和3维空间+速度维+热维，即5维成像。4维成像研究集中于非严格形变、去相干、体散射体分离等。5维成像针对的是非均匀形变的4维成像，通常被用来监测建筑物热膨胀指数及形变平均速度。4维TomoSAR是针对多散射体的联合高度-速度分辨能力提出的，在解决叠掩散射体形变监测方面很有发展前途。4维/5维层析技术已经被用于城市建筑物均匀、非均匀形变监测和叠掩区域散射体分离，但在森林垂直结构反演方面还很少涉及，尤其是在地形比较复杂的森林区域。4 维层析技术能够解决叠掩区域散射体分离问题，为散射机制分离提供新的技术支撑，为复杂地形森林垂直结构参数反演及林下地形精确提取提供技术手段。当地形条件复杂时，分析 TomoSAR 与差分层析在散射机制分离及森林垂直结构参数提取方面的差异，也成为将来森林垂直结构信息提取领域的一个重要研究方向。同时，实现 4 维层析的波束形成方法、稀疏采样方法和压缩感知方法对于同一研究对象，如复杂地表条件下的森林垂直结构参数反演，哪种方法更具有应用价值也需要进一步的探讨研究。

地物散射模型与知识库方面：典型地物散射特性知识库是我国第一个集散射模型、散射实测与 SAR 影像于一体的知识库系统，对于 SAR 的专家知识解译具有重要意义，但其在后续应用中还有很多实际问题需要进一步解决。如完备的典型地物目标解译训练集建立、多平台高精度 SAR 验证技术、知识规则构建、面向 SAR 解译的知识库系统智能化等。由于合成孔径雷达成像机理的影响，不同观测入射角度、目标方位角度获取的 SAR 数据可能会呈现出不同的后向散射特性，国外目前主要是针对人造军事目标构建了 SAR 影像模板训练库，覆盖了多入射角与方位角情况，但对于多波段全极化数据库的情况尚未公布，而且对于自然地物解译与识别，除了入射角与方位角的变化，波段、极化、关键地表参数等均是重要影响因素。因此，亟须建立多种关键传感器参数完备的典型地物目标解译训练集。针对当前各种平台 SAR 在定量化应用中发展的模型算法缺乏有效验证手段的难题，研究建立支持不同分辨率、波段、角度和极化等载荷的机载 SAR 验证平台系统，重点研究验证中涉及的 SAR 尺度转换方法，不同目标观测视角依赖性以及应用模型的波段和极化适应性等关键技术，制定一套完善的，以 SAR 应用方法验证为目标的模型框架和技术手段。知识获取是知识辅助 SAR 影像目标识别解译中一个必须考虑的问题。特定区域地物理解不能违反常识，要考虑常识规则，还需构造深层的理论模型和非逻辑关系的联合模型。对于复杂影像解译问题，从领域专家中得到的知识仍然有限，需要补充机器学习的方式来完成知识的自动获取。知识的自动获取是知识利用的高级阶段，是决定智能解译系统是否稳健的一个重要标志。如何在丰富积累的 SAR 影像目标和背景环境数据的基础上，充分地挖掘其与目标属性之间的内在联系和规律，充分地利用多传感器源的信息，在知识的引导下合理地运用数据层、特征层、属性层等多层次的推理，提高目标的识别能力还需要进一步开展研究。国际上针对军事目标的智能识别系统已经得到了较好的应用，基于影像库系统的军事目标类别自动识别率已经可以达到 80%以上，但就现有公布资料来看不具备针对典型自然地物目标的 SAR 智能知识库系统，这很大程度上与自然地物目标解译表达的多样性、不确定性有关。因此，应考虑面向专家系统的知识库系统方案设计，包括专家系统中 SAR 解译知识的获取、表达和推理方法以及其在解译的最佳应用流程。

面向对象高可信 SAR 解译方面：必须认识到特定应用下感兴趣的对象与利用

SAR 传感器解译这些对象的能力可能并不一致。极端的情况下，除非待区分的对象对于 SAR 传感器提供到的参数（如对象的后向散射、纹理、相关系数等）能够测量出差别，否则就无法区分。这种情况下，分类是不可能的。另一种极端的情况是，微波与自然媒质相互作用的复杂特性，可能导致单一对象的地物包含不同特性的子对象。这种情况下，就很难找出满足应用需求的分类器。因此，任何形式的通用分类/解译方法，不仅需要知道测量哪些参数，而且需要正确处理可能影响测量的物理因素。也就是说，区分物体的决策准则必须严格基于 SAR 成像系统提供的信息。要达到 SAR 影像的有效的分类，需要各类别具有一些可以区分的特征。因此，分类的第一步是分析有代表性的数据，研究是否存在这样的特征。特征的选取是由数据的统计特性决定的，全面评估分辨率、频率、极化、入射角和时间对 SAR 分类的影响，仅由现有的数据还不太可能实现。所以，研究建模与仿真，以及地面实验设备的观测结果，对于提出合理的分类依据和准则是必要的。在基于知识的方法中，基于现有的经验证据，同时结合物理推理确定分类准则，可以得到不同覆盖类型的类别特征。因为这类方法强调 SAR 数据的物理内涵，考虑特定的条件下，寻求鲁棒的、适用性广泛的分类方法是下一步的研究重点。

尽管作者在过去几年对 SAR 数据的处理进行了不懈的探索，但以上问题的存在，一方面表明了本书存在的不足，另一方面也表明 SAR 数据精确、高可信处理技术的不断提高，仍需广大科研工作者的继续努力。作者也会与广大同行一道，为推进我国遥感信息科技的持续发展，进一步作出应有的贡献。

彩　　图

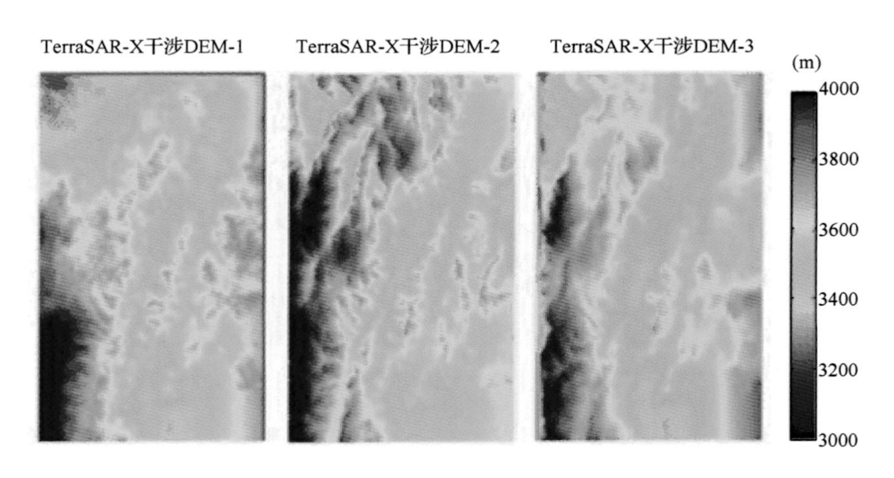

图 10.22　若尔盖实验区 TerraSAR-X DEM 提取结果

图 10.43　小麦(上)、大麦(中)和油菜(下)的 5 次同步地面调查照片

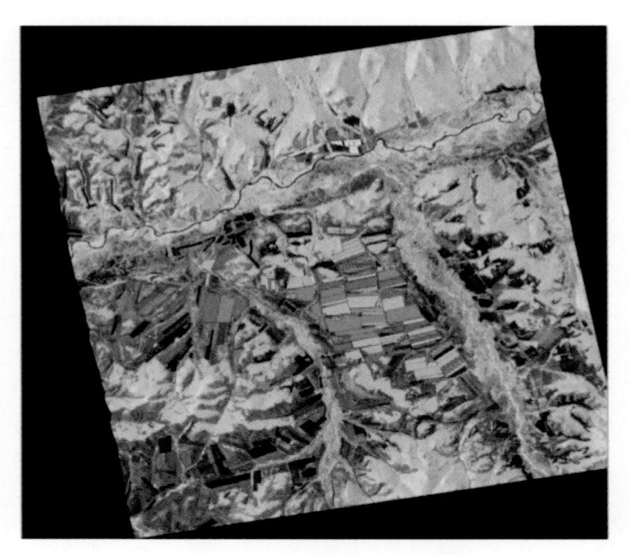

图 10.44　6 月地块地类调绘结果

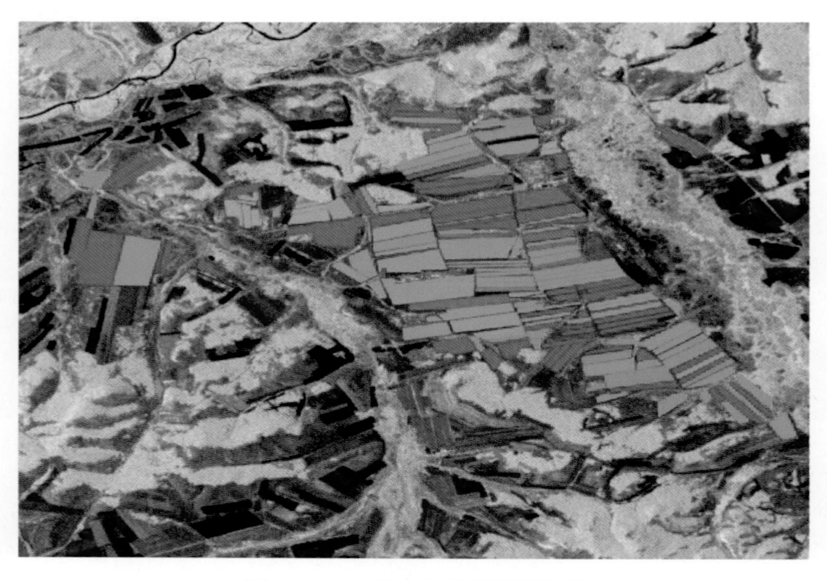

图 10.45　7 月地块地类调绘结果

图 10.46 不同作物不同生长状态比较

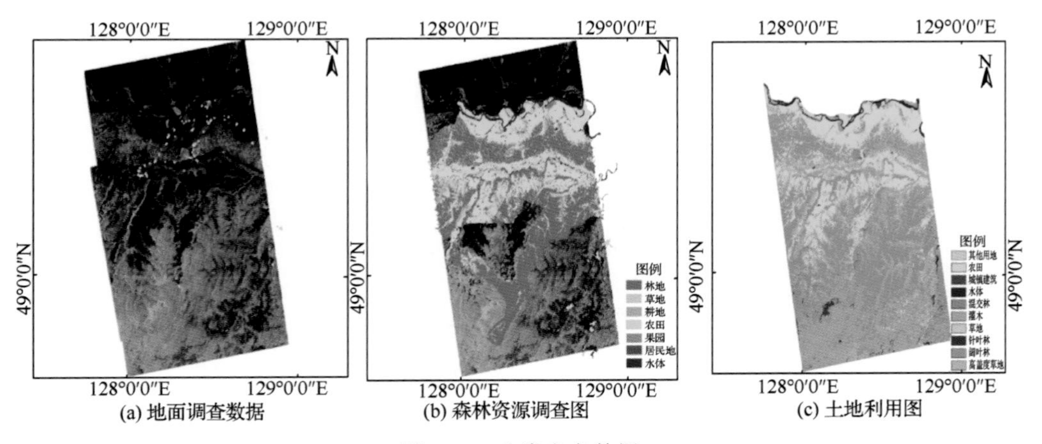

图 12.1 分类参考数据

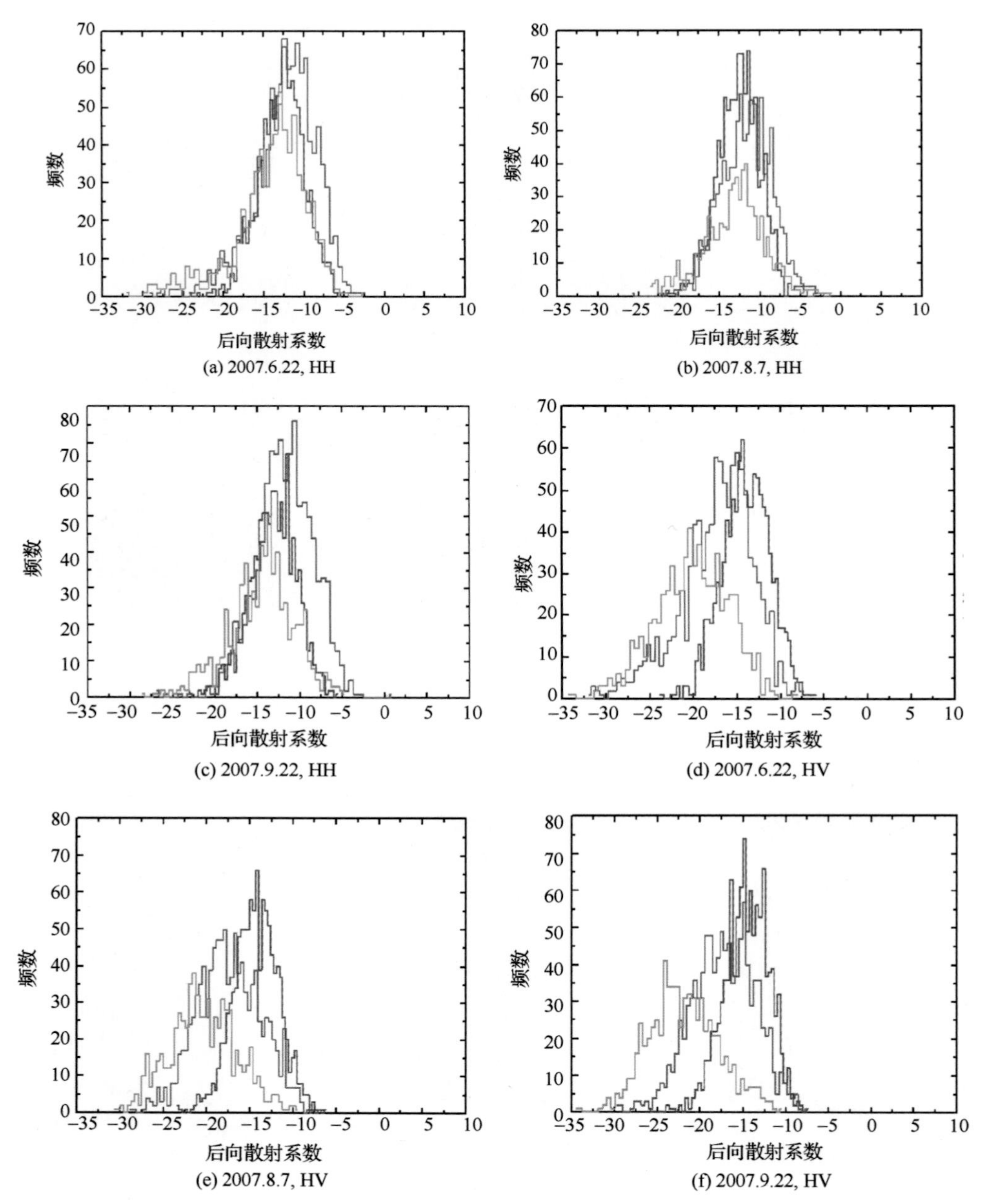

图 12.2　多时相双极化影像林地类型后向散射系数直方图

不同颜色代表的图例如下：

—— 有林地　　—— 疏林地　　—— 灌木林地

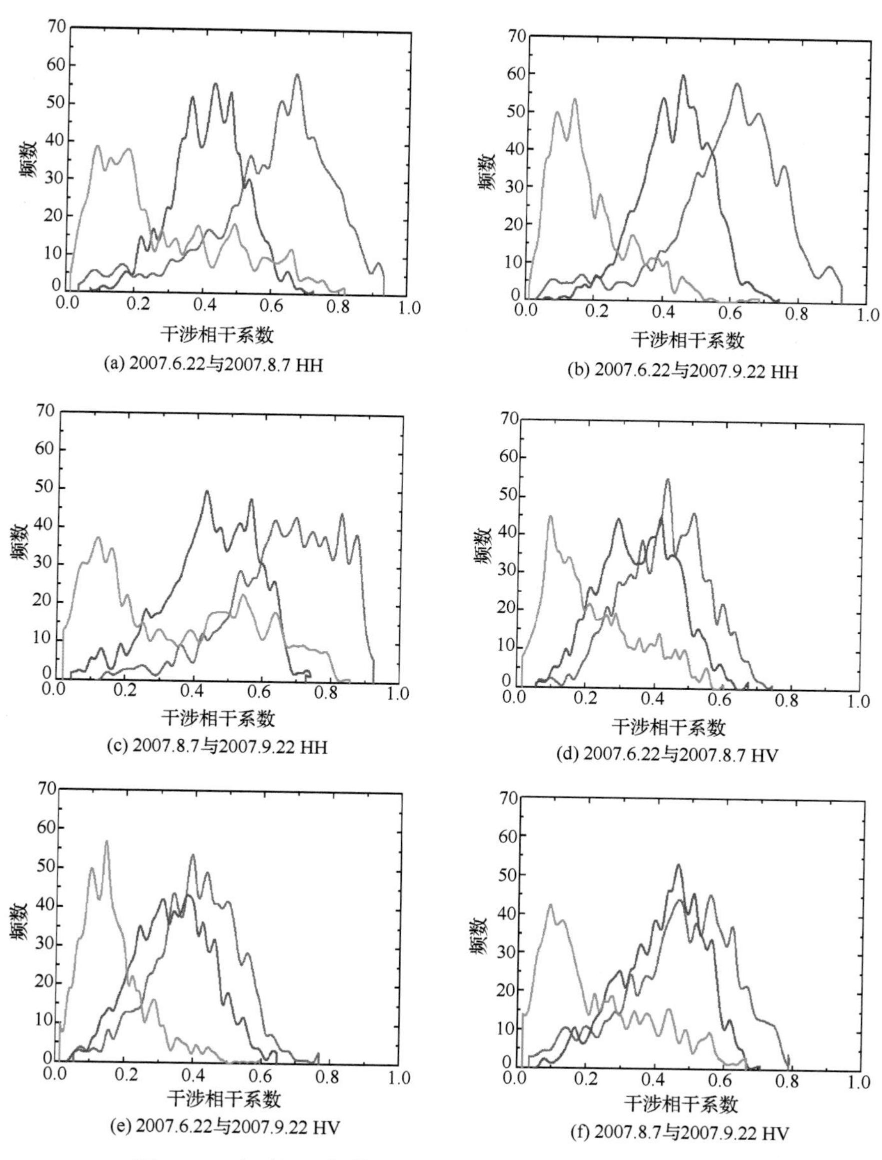

(a) 2007.6.22与2007.8.7 HH

(b) 2007.6.22与2007.9.22 HH

(c) 2007.8.7与2007.9.22 HH

(d) 2007.6.22与2007.8.7 HV

(e) 2007.6.22与2007.9.22 HV

(f) 2007.8.7与2007.9.22 HV

图 12.4　多时相双极化影像林地类型干涉相干系数直方图

不同颜色代表的图例如下：

—— 有林地　　—— 疏林地　　—— 灌木林地

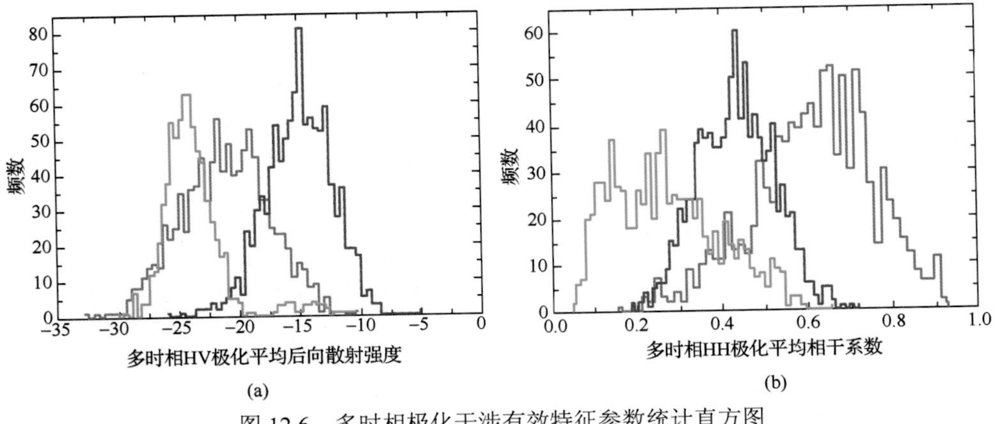

图 12.6 多时相极化干涉有效特征参数统计直方图

不同颜色代表的图例如下：

—— 有林地　　—— 疏林地　　—— 灌木林地

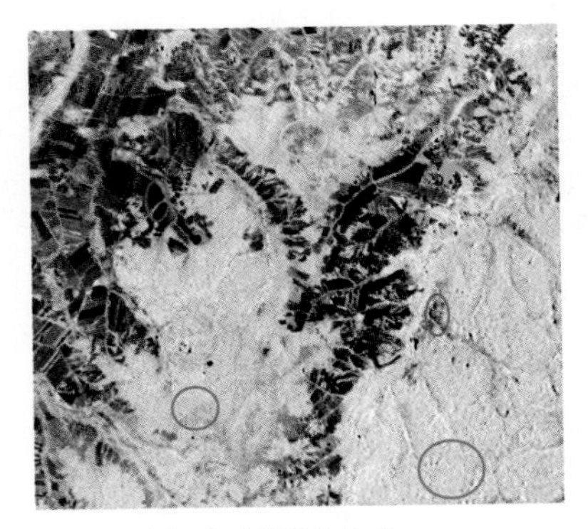

(a) 多时相极化合成

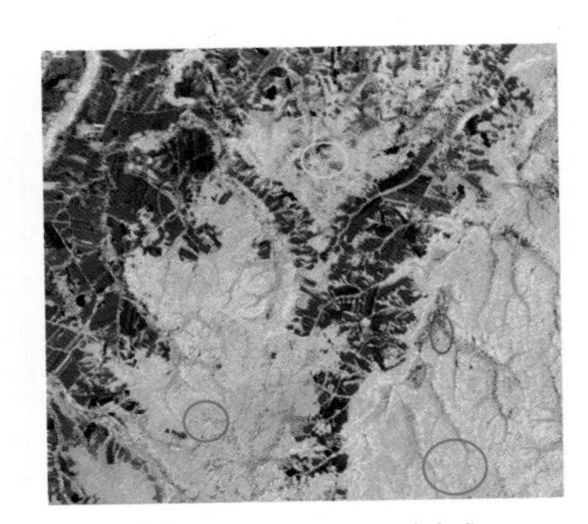

(b) 多时相极化干涉合成

图 12.7 彩色合成影像

图中圆圈所示区域，绿色圆圈是有林地，红色是灌木林地，黄色是疏林地

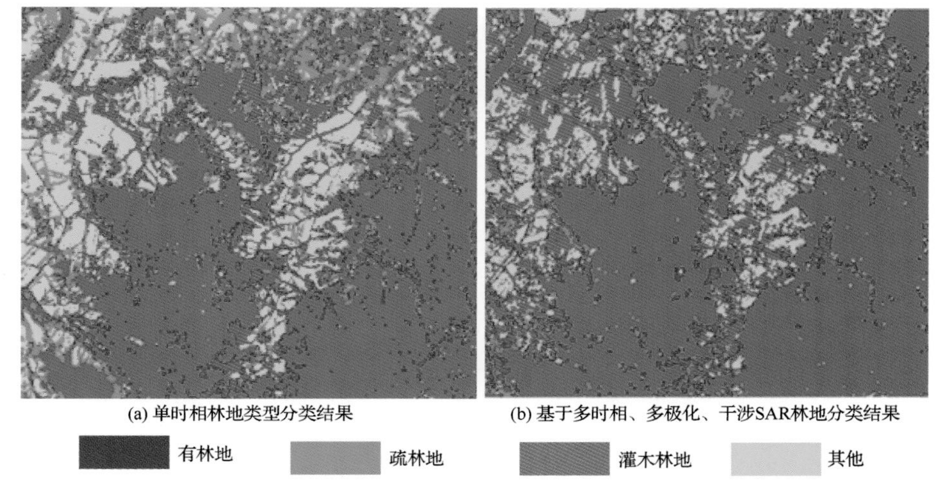

图 12.8　林地类型分类结果

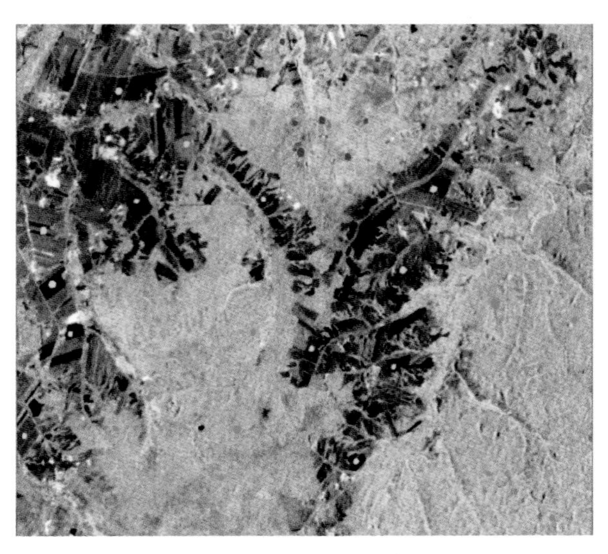

图 12.9　ROI 位置分布图

图 12.11　遵化示范区全极化 SAR 数据的 Pauli RGB 显示

图 12.13　分类示范区 Pauli RGB 显示

图 12.14　示范区分类样本分布情况

图 12.16　遵化实验区分割结果

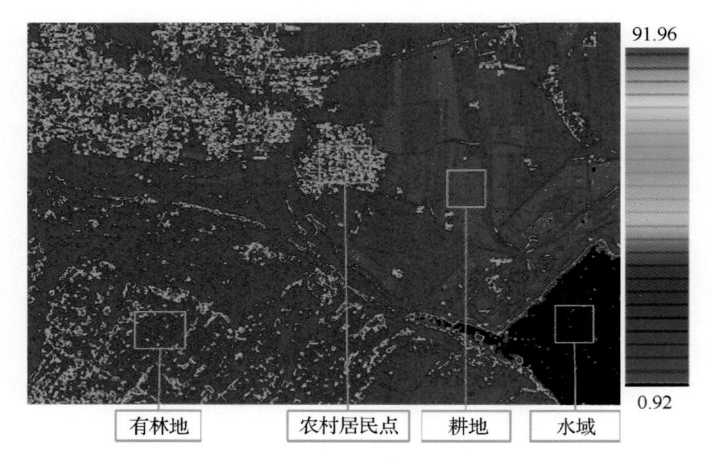

图 12.17　像元级 RK 纹理特征

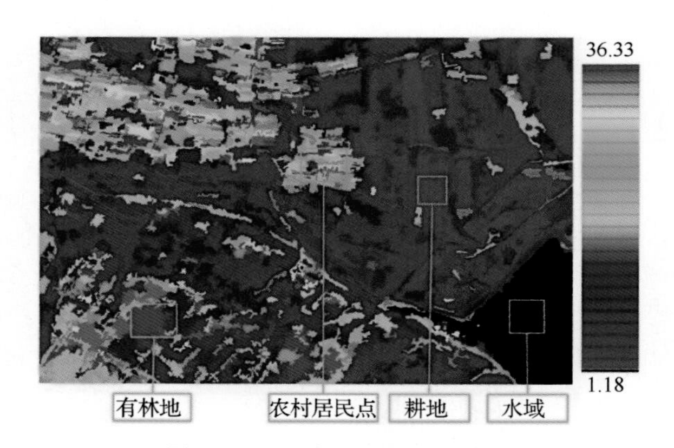

图 12.18　对象级 RK 纹理特征

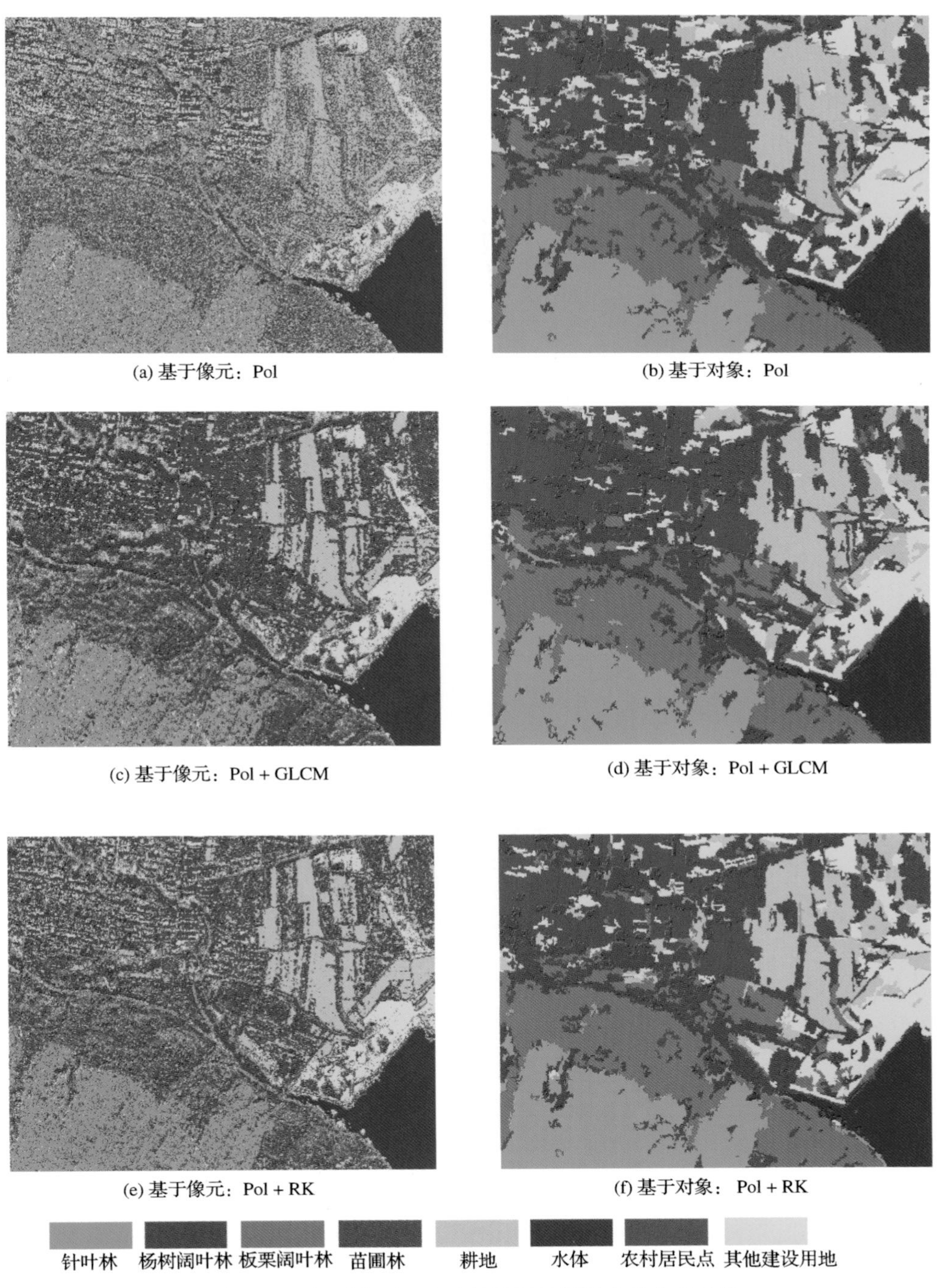

图 12.20　基于像元、对象的不同特征组合的分类结果

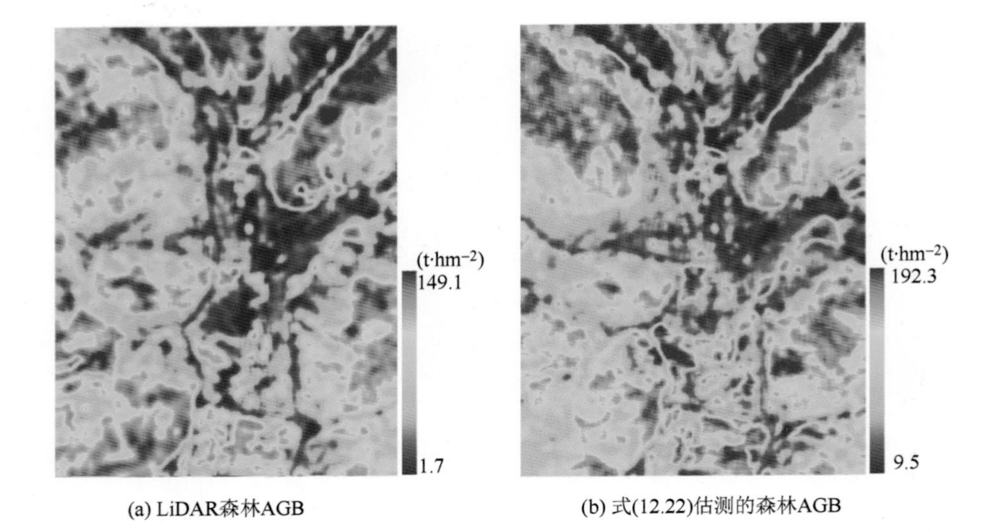

(a) LiDAR森林AGB

(b) 式(12.22)估测的森林AGB

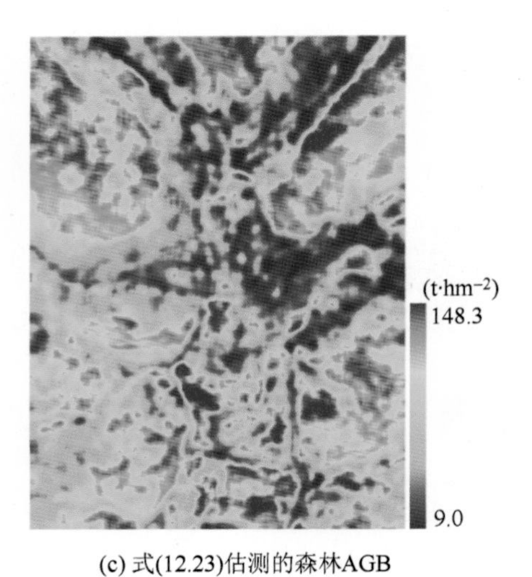

(c) 式(12.23)估测的森林AGB

图 12.26　森林 AGB 估测结果